U0260988

Frédérique Veysset
Isabelle Thomas

我 就 是 时 尚：

法 国 女 人 的 时 尚 之 钥

［法］弗雷德里克·维塞　　［法］伊莎贝尔·多玛 ／ 著　　周行 ／ 译

中信出版社·CHINA**CITIC**PRESS · 北京 ·

图书在版编目（CIP）数据

我就是时尚：法国女人的时尚之钥/（法）维塞，（法）多玛著；周行译.—北京：中信出版社，2013.4
书名原文：You're So French!
ISBN 978–7–5086–3863–8
I. 我… II. ①维… ②多… ③周… III. 女性－服饰美学－通俗读物 IV. TS976.4-49
中国版本图书馆CIP数据核字（2013）第 039004 号

You're So French by Frédérique Veysset & Isabelle Thomas
Copyright © 2012 Éditions de La Martinière, une marque de La Martinière Groupe,Paris
Simplified Chinese translation copyright ©2013 by China CITIC Press
All rights reserved.
本书仅限中国大陆地区发行销售

我就是时尚——法国女人的时尚之钥

著　　者：[法]弗雷德里克·维塞　[法]伊莎贝尔·多玛
插　　图：[法]克莱芒·德兹吕
译　　者：周　行
策划推广：中信出版社（China CITIC Press）
出版发行：中信出版集团股份有限公司
　　　　　（北京市朝阳区惠新东街甲 4 号富盛大厦 2 座　邮编　100029）
　　　　　（CITIC Publishing Group）
承 印 者：北京昊天国彩印刷有限公司

开　　本：787mm×1092mm　1/16　　　　印　张：12　　　　字　数：95 千字
版　　次：2013 年 4 月第 1 版　　　　　印　次：2013 年 4 月第 1 次印刷
京权图字：01–2012–6333　　　　　　　广告经营许可证：京朝工商广字第 8087 号
书　　号：ISBN 978–7–5086–3863–8/G·957
定　　价：98.00 元

版权所有·侵权必究
凡购本社图书，如有缺页、倒页、脱页，由发行公司负责退换。
服务热线：010-84849555　　服务传真：010-84849000
投稿邮箱：author@citicpub.com

献给艾莉丝、尼尔和罗曼娜

摄影：弗雷德里克·维塞

修图：卡特琳·德拉埃

设计及版式：露西尔·伽莱

插图：克莱芒·德兹吕

目　录

克莱尔·薇欧·迪·美欧
（Claire Vioti Di Meo）
画廊主

什么是法式风格？

什么是法式优雅风？

法国女人有一种说不清道不明的魅力，总是惹人羡慕。她们"看似毫不费力地优雅"，自然而不造作。凡妮莎·帕拉迪丝（Vanessa Paradis）海藻般的乱发、夏洛特·甘斯布（Charlotte Gainsbourg）磨破的牛仔裤、伊纳·德拉弗雷桑热（Inès de la Fressange）钟爱的男士衬衫和芭蕾伶娜平底鞋、克蕾曼丝·波西（Clémence Poésy）别具一格的气质……法国女人既不同于火辣性感的意大利女人，又有别于另类乖张的英国女人，她们的着装更为简约。在法国，优雅和招摇二者格格不入。

究其原因，是法国中产阶级传统十分严格。19世纪时，中产阶级仿效日渐衰败的贵族确立了一整套规范。他们看不上那些不懂礼仪、没有文化的新兴暴发户，也就是今天爱打扮得"bling-bling（闪闪发亮）"的那群人。

中产阶级对他们的评语还是那句话："炫富是土气和教养差的表现。"公认品位上佳的法式优雅代言人所传达的形象始终比较"中产化"，比如基亚拉·马斯特罗扬尼（Chiara Mastroianni）、奥德蕾·托图（Audrey Tautou）、瓦莱丽·勒梅西埃（Valérie Lemercier）、弗朗索瓦斯·哈迪（Françoise Hardy）、伊莎贝尔·马朗（Isabel Marant）。她们绝对不会靠浮夸的装扮招摇过市来引人注目，跟著名的"脱衣

> **"** 美国女人总是一起床就穿戴得整整齐齐：头发一丝不苟，染着漂亮的指甲油，脚踩高跟鞋……像是要去走红毯或者参加鸡尾酒会。法国女人就不会如此大伤脑筋。**"**
>
> ——埃曼纽尔·塞涅（Emmanuelle Seigner）
> *法国演员、歌手*

舞娘"蒂塔・万提斯（Dita Von Teese）、凯蒂・佩里（Katy Perry）、科特尼・洛夫（Courtney Love）或者多娜泰拉・范思哲（Donatella Versace）完全不一样。尽管法国女人也会花数小时梳妆，却让人看不出来，从不过分。她们的外表就像美国女人所赞美的那样——"非常清新"。法国女人无所顾忌，就算没有做头发，没有涂指甲油和化妆，也敢抱起宝宝就出门。看似漫不经心，却依然保持着优雅。这种随性自然，曾造就了光彩夺目的女明星碧姬・芭铎（Brigitte Bardot），至今也不退潮流："一直被模仿，从未被超越。"法国女人可能也是最不担心年华老去和享受美食会带来不良后果的女性——"啊，美味的奶酪配一杯勃艮第葡萄酒，太棒了！"无论对饮食还是衣着，法国女人都十分理性，她们的名言是"适可而止，好东西不能贪多"！

> **❝** 外国人说法国女人只穿米色和灰色。其实他们忘了细节，还有细节的微妙变化！法国女人穿衣风格简约，但会用精心挑选的包包和相称的鞋来提升整体形象。美国女人更喜欢跟随潮流。意大利女人则更精致讲究。在我看来，凯特・莫斯（Kate Moss）在圣罗兰（Saint Laurent）广告里的形象代表了巴黎女子的优雅，发髻微微垂散，有气质却不造作。我做发型时也是这样：我喜欢有动感的头发。发型不完美才会有感染力。**❞**

——西尔万・勒昂（Sylvain Le Hen）
电影发型师、Hair Design Access造型师

米歇尔·布尔（Michelle Boor），
Vouelle 品牌创始人

访谈

马克西姆 · 西蒙斯（Maxime Simoens）
法国设计师，28 岁

对你来说，什么是法式风格？

它是随性的优雅——丝毫不夸张的高贵女神的风格。肢体曲线表现得很微妙，呈现出一种雅致、永恒的形象。邻家女孩梅拉妮 · 罗兰（Mélanie Laurent）是典型代表：她的优雅很自然，从不过分装扮。就像可可 · 香奈儿（Coco Chanel）小姐，不受规范拘束，随意而高雅。

说到底，现在很多品牌的风格越来越趋于统一，法国特色还有一席之地吗？

永远都不流于俗气花哨的珍贵织物、手工刺绣、顶级材质，这些绝对不会消失也不会被取代。同样，水平超高的剪裁工艺和品质也不可能被快餐时尚（fast-fashion）所复制。优雅也是一种生活艺术，一种反应、举止和行动的方式……我认为优雅还与人所处的环境、想象力以及我们使用的日常用品有关。女性对这种广义上的优雅有着独特的感受力。

追随流行是不是过时？

"流行"！我讨厌这个词。在我看来这已经很过时。今天这个时代，我们可以选择前卫，也可以选择复古，还有什么必要强迫自己去适应潮流呢？强调长度、形状和版型是上世纪 60 年代的做法。幸运的是，现在的多元混杂带来了更多的开放性。这主要在于人们心态的开放和性格因素。我更愿意把服装看作一种创造个人身份的方式，借此向他人展示自己，传达自己的形象。从头到脚穿着品牌纹案（Monogrammés）的人是在炫耀自己钱包里的钞票，喜欢表现随性不羁的人会为自己打造看起来很随意的形象，而那些想要传达更加强烈的信息的人会选择很有视觉冲击力的服饰……这都属于社会学！服装也可以作为自我防卫的屏障。人的形象可以一辈子不断变化。

衣柜里最重要的一件衣服是什么？

有人说是小黑裙。确实，黑色绝不会过时，无论夏天还是冬天都能穿。尽管常有人提到香奈儿（Chanel）或迪奥（Dior）外套，还有巴黎世家（Balenciaga）的长裤，但就我个人而言，我不太喜欢"经典衣装"这个概念。每个人应该找到自己最爱的"主打装"：一条自己对它很有感情的牛仔裤、一件特别显身材的外套，或是一条带来好运的连衣裙……

那么也就不存在绝对不能穿的衣服了，是吗？

我认为没什么禁忌。哈伦裤和打底裤也是可以接受的。禁忌是错误的暴君。只要能把衣服穿得好看，穿出新意就没问题。主要看个人的风格和风度：有些人穿上 20 世纪 70 年代的圣罗兰套装很漂亮，有些人穿就没法看。对于任何年龄段的人来说都一样。人到了 60 岁可能不想再穿迷你裙，但如果有人对自己的身材非常自信，为什么不能穿呢？如果你觉得自己的膝盖和手臂皮肤松弛了不好看，可以利用衣服把它掩盖起来。每个女人都有自己的情结、个性和欲望。我支持言论自由，在我看来，这跟穿着打扮的自由没有不同。唯一的底线是——不能低俗。

> 66 *每个人应该找到自己最爱的'主打装'：一条自己对它很有感情的牛仔裤、一件特别显身材的外套，或是一条带来好运的连衣裙……* 99

以往——也不算很久以前，人们遵循社会习俗所确立的规范来着装：工人穿工人的衣服，中产阶级穿中产阶级的衣服，中学生穿中学生的衣服，女人到了 40 岁就得剪短发，不再染鲜亮的发色，"良家妇女"不穿尼龙袜，办公室里不穿牛仔裤……今天，许多着装禁忌已经灰飞烟灭。这很好，只是没有了严格的规矩的限制和指导，一些人失去了方向，不知如何利用自己的衣橱。现在，人们一般会选定某一类型，然后跟从此类型的着装方式。其实，人们也可以根据自己的特质、品位和生活方式找到自己的风格。

找到
你的风格

谈到风格，风格真的那么重要吗？是的，因为着装可以告诉别人我们是谁。它是一种无意识、无声的语言。没有风格的着装会让人毫无存在感，而太过奇异的服装会吓到人或惹人笑。这就是"初次会面穿什么"令人十分头疼的原因。如果因为穿错裙子浑身不对劲儿，你就可能无法在派对上尽兴了。所以绝对不要把自己伪装起来，也不要把自己打扮成你欣赏的某个闺密、女演员、女歌手或是商界女强人的样子。要找到与自己个性相符的着装之道，其实不必绞尽脑汁。不过这也不是轻而易举的：有些女性很早就找到了自己的风格，有些却找不到。好消息是：风格可以学，年龄和财力都不是关键，主要在于心思和意愿。

伊纳-奥兰普·梅卡达尔
（Inès-Olympe Mercadal），梅卡达
尔古着店（Mercadal Vintage）
创始人。她的个人风格是：
用设计师品牌皮带和梅卡
达尔工作室制作的高跟浅
口单鞋来搭配从跳蚤市场
上淘来的古董仿皮外套和
洋装。

收拾你的衣橱

一般我们习惯拿起堆放在衣橱最上面的衣服就穿，这简单省事，会逐渐变成习惯性的条件反射。可惜了那些多年来沉睡在下面的宝藏，你当初买下它们时却是青眼有加！更可惜的是，你错过了提升自己形象的机会。用放大镜像考古学家一样寻宝吧……每年两次，在大换季时清理一下衣橱。这有点儿枯燥，但是很有用。首先忘掉所谓的"两季法则"，即连续两个季节没穿过的衣服统统扔掉。这个法则已经是明日黄花，不适用于整个衣橱。

这些该扔掉！

大小不合适的衣服：尽管流行元素一直轮回，流行服装的比例还是在变化。应丢掉紧绷在身上的少女尺码 T 恤（T 恤应该穿得宽松一点儿），长度不对的衣服（过短的直筒长裤简直是灾难），袖口太大的上衣（比如流行于 20 世纪 90 年代的短外套），还有腰太低的牛仔裤，紧紧裹在身上的或是松松垮垮的都不行。

磨破了的衣服：除非这些衣服经过岁月的打磨之后泛出漂亮的光泽（就像一块很好的皮革），不然它们会让你看起来很邋遢，有损个人形象。大衣或外套的衣领、手肘部位以及与挎包经常摩擦的地方，如果磨损了就不要再穿。起球的毛衣、发白的 T 恤或衬衣、抽丝的丝袜、磨坏了鞋跟或皮面残旧的鞋子等，也是一样的。

廉价又没有个性的衣服：不太好看的廉价小洋装、因为天冷匆忙购入的剪裁差劲的大衣、只穿过一次的"性感"连衣裙（结果那次约会不欢而散）、上世纪末求职面试时穿的旧套装、从二手店买来的皮夹克（还有股味儿）、仿造的爱马仕方巾、磨损得很厉害的人造革皮带、20 世纪 90 年代的尖头皮鞋、旅行回国之前在免税店买的难看民族风首饰……

这些要留下！

品质好的基本款：棉麻质地的 T 恤、没起球的羊绒毛衣、白衬衣、长靴、弧度完美的浅口高跟鞋、芭蕾伶娜平底鞋。总之，留下那些可以与你相伴一生的"好朋友"。

知名或小众设计师的最强款：高缇耶（Jean-Paul Gaultier）的洋装、安·迪穆拉米斯特（Ann Demeulemeester）的夹克、维维恩·韦斯特伍德（Vivienne Westwood）的外套、艾历西克斯·马毕（Alexis Mabille）的衬衣，川久保玲（Comme des Garçons）的毛衣、威士顿（Weston）的平底鞋、皮埃尔·哈迪（Pierre Hardy）的超夸张凉鞋、阿拉亚（Alaïa）的皮带、埃皮斯（Epice）的小方巾……难以尽数。即便用到的次数不多，你还是会很开心地拿出来晒晒。这些衣服和配饰一般不会过时，总是可以和其他基本款或者新购置的单品搭配。

整理！

按照季节和类别整理：这样可以让你看得更清楚，更容易找到新的搭配方式。不要一成不变，要学学时尚编辑如

何"凹造型"：用一件外套、一条半裙、一条连衣裙、一件衬衣和若干双鞋子设计尽可能多的造型……大胆混搭各种类型、色彩和形状的服饰，尽管放手去试。你很快就会发现自己的衣橱潜力无穷。把你觉得自己穿着特别合适的衣服都拍成照片，哪天早晨若不知道穿什么而抓狂时，这些照片会很有帮助！

Heimstone 品牌创始人阿利克斯·珀蒂（Alix Petit）的点睛之笔：平底机车靴和羽毛发带

抓住你自己的风格！

研究时尚杂志和博客中你感觉对味的那些造型，观察电影和电视剧里你喜欢的风格，记下吸引你的重点。这么做不是为了照搬明星的红毯造型，而是为了扩大视野、提升眼光。

花时间好好审视自己，尽量不带感情色彩。不要从烂熟于心的习惯性角度打量自己——也就是说只注意自己的缺点或者完全对它视而不见。可以选一张你最喜欢的"被偷拍"的照片来仔细研究一番。对自己宽容温柔一点儿。你有没有发现自己其实很窈窕？脖颈线条很优美？这样可以打破你对自己身材所持的各种成见。何不换下穿了十几年的宽松衬衣，试试修身连衣裙？别以为长裙会让你看起来老气，别相信平底鞋一定让你显得矮。绝对不要彻底摒弃任何一种款式或颜色，先试一试，你才知道合不合适！

有些女性（还有一些男性）大胆展示出为时代所"不容"的装扮：奥黛丽·赫本（Audrey Hepburn）利用自己假小子般的身材，与当时丰乳肥臀的美女标准反其道而行之。人们说她"令大胸女瞬间过气"。碧姬·芭铎则制造了芭蕾伶娜平底鞋和带维希（Vichy）图案的红白格子的流行时尚。不少名人都独创了自己的风格，比如杰奎琳·肯尼迪（Jackie Kennedy）、凯特·莫斯、索菲娅·科波拉（Sofia Coppola）、克洛伊·塞维尼（Chloe Sevigny）、蒂塔·万提斯。同样，还有一些被视为个人"标志"的打扮：让·保罗·高提耶（Jean Paul Gaultier）的海魂衫、卡尔·拉格斐（Karl Lagerfeld）的立领、帕洛玛·毕加索（Paloma Picasso）的口红、索尼娅·里基尔（Sonia Rykiel）蓬松的红发、Heimstone 品牌创始人阿利克斯·珀蒂的羽毛发带……每个人都可以找到让自己独树一帜的标志。

安尼娜·勒翅切森
（Annina Roescheisen），
艺术经纪人、品
牌代言人。从13岁
开始"收集"的文
身是她身上唯一
的饰品。

她拥有柔美、古典
的容貌，紧身洋装
和超高跟鞋是她女
人味儿的体现。

若埃勒·达法格（Joelle Dufag），
时装店店员。她出门时永远佩
戴着十几只漂亮的民族风手镯

千万不要突然风格大变。不要因
为时装店店员赞美你穿着"非常性感"

而买下一件看起来完全不像你的风格的
衣服。一件新衣应该让你觉得穿上之后
"很搭调"，很喜欢。但是，打造自己的
新形象可能会颠覆别人对你的印象。别
人会用不同的眼光打量你，你对自己的
看法也会改变。如果你一直习惯于把自
己藏在黑色或其他掩盖身材的衣服里，
这种突破带来的冲击更大。假如你害怕
改变太大，可以慢慢来：先从基本款开
始，增加一些色彩和饰品（小方巾、鞋、
包包）。一旦喜欢上了，你就想尝试更
多。多逛逛商店。若是害羞，找个女伴
陪你逛。不一定要找最时髦的那位闺
密，而是品位与你相符且不盲目追随潮
流的朋友。目的并非紧跟时下的潮流，
而是找到适合你的风格。抛开你平时习
惯的款式和颜色可以获得新的惊喜。尝
试各种不同的风格：复古性感、时尚嬉
皮、职业女郎、英伦风格等，不见得都
适合，只是证明自己完全可以自我突
破，就当是练习，乐在其中吧！

> 66 时装店是最好的心理治疗诊所！我耐心地帮顾客试衣，同时
> 倾听她们的烦恼。来店里的客人会敞开心扉，把身体和心灵
> 的秘密都托付给我。有时候衣服有助于疗愈她们的身心！99

——桑德琳·瓦尔特（Sandrine Valter）
Aeschne 品牌创始人

亚历山德拉·赛内斯
（Alexandra Senes），设计
师品牌单品（Céline、
Margiela）与旅行纪念
品混搭

访谈

亚历山德拉·赛内斯
难以捉摸，绝对超前，
她是新闻界和时尚界最敢大胆突破的女王

性平光眼镜、蓝头发、巴黎世家（Baleniaga）流苏包，我统统不感兴趣。好奇心都到哪里去了呢？人们不再懂得如何驾驭潮流，这就是时尚造成的后果。

人、意大利女人和瑞典女人的不同之处在于，她们特别会利用衣橱玩出花样，独具巧思。典雅名媛风、波西米亚风或是复古哥特风，她们驾驭起来都游刃有余。此外她们还有不修边幅的一面：头发胡乱扎起、不做美甲、极少化妆……有个美国女人见过凡妮莎·帕拉迪丝之后跟我说："一个这么邋遢的女孩怎么能当明星呢？"在法国，流行时装也可以让丰满的女孩打扮得美美的。她们学会了判断适合自己的衣服的宽窄和比例。

> 66 现在很多品牌为了赶时髦，都选择同一个艺术总监、当下最火的摇滚明星、最受欢迎的作家等。真没劲！99

你如何看待时尚？

The Kooples 这样的品牌在今天很有代表性。照搬杂志上的各种主打款和时下的流行：年轻的、年老的、音乐厂牌、蜡烛、灵感缪斯……五分钟速成。这是种病，不能落入这样的陷阱！现在很多品牌为了赶时髦，都选择同一个艺术总监，用时下最火的摇滚明星、最受欢迎的作家代言。真没劲！当季爆红的东西，什么装饰

法国女人的穿着是否与众不同？

对，因为她们有自己的风格——风格不是买来的。她们会用各种品牌的衣服设计出自己的造型，与英国女人相比，各有千秋。法国女人会个性化自己的 Kelly 包，会用 Charvet 衬衣配荧光色半裙……法国女人与西班牙女

你觉得法国女人的特质是？

一种混合风格的优雅特质，糅合了女作家埃德蒙·查理·鲁（Edmond Charles Roux）的才智、模特伊纳·德拉弗雷桑热的自然不掩饰、安娜·莫格拉莉丝（Anna Mouglalis）的浑厚声线、卡米耶（Camille）的性感和埃曼纽尔·塞涅的洒脱

不羁。

依我所见，阿瑟丁·阿拉亚（Azzedine Alaia）的品牌形象代言人法利达·卡尔法（Farida Khelfa）是明日优雅的典范：优雅一词包括了对他人的关心。"灵感缪斯"们是优雅的，话题女郎们（It Girls）却不是，而只有前者才能激发奥林匹娅·勒

己，我喜欢打造我的个人风格。许多人都想要的单品或包包我看都不看一眼，它们对我没有任何吸引力。在考虑穿什么的时候，我会从鞋子开始，看心情随机发挥。我从不穿牛仔裤。为了和其他时尚界的女孩区别开来，我会选

才这么穿"或者"你是个金发非洲妹"！我8岁时离开故乡塞内加尔去了纽约，这种冲突始终存在于我体内！

哪些是你一直随身携带的单品？

一件男式衬衫、一件赛琳（Céline）或迪奥（Dior）竖立领衬衣、Stouls 的 My Way 皮夹克（既能配晚装又能配泳衣）、有着百年历史的科多尼亚托（Codognato）骷髅头戒指，还有一件旧的马吉拉（Margiela）无袖狐狸皮大衣——穿着它无论和潮人在一起还是和普通人在一起都毫无压力。我很幸运，可以只买有品质的衣服，这些衣服不会过时，修补之后又可以穿很久。我不去 H&M 买衣服，有一个原因是在那里找不到我要的颜色：永远找不到好看的红色和好看的黄色。马克·雅可布（Marc Jacobs）的黄就很好看，永远都会好看。唯一的遗憾是我没有买古着的眼光。不过我有很厉害的朋友，一眼就能从旧货里找出适合我的东西。

> **❝** 说到我自己的衣橱，我喜欢打造我的个人风格。许多人都想要的单品或包包我看都不看一眼，对我没用任何吸引力。**❞**

唐（Olympia Le Tan）等设计师及杂志的灵感。

时尚在你的生活中占据什么样的位置？

我创办了一份杂志，名叫 *Jalouse*，比当季流行超前6个月。我多年来一直跟踪报道每一次"时装周"。我非常了解时尚。但是，说到我自

择色彩丰富的衣服！花很多心思来混搭扎眼的亮色和经典的服饰：不对称、长短不一、只有一只袖子、有三道杂乱的条纹、撞色、短袜配高跟鞋、夏衣冬穿、有着各式图案的长筒袜……我喜欢乱七八糟的冲突搭配，就是要打破所谓的品位，故意犯错，这才是我的风格。别人常跟我说："只有你

女人分两派：一派完全听不懂"紧身、喇叭裤、七八分、防水台、德比鞋、发带、打底裤、铅笔裙、恨天高、哈伦裤"这些词，另一派则如数家珍。前者不喜欢流行或是以为自己不喜欢：

——不适合我，我身材不好；

——太花钱；

——太肤浅；

——我一点儿也不懂。

后者多多少少掌握了一些潮流密码。她们从中获取灵感或是照搬流行，甚至完全不顾自己适合与否。

是否应该
跟随潮流？
还是引导潮流？

在这两派之间有一个最佳平衡点，对于很多女性来说不容易找到。法国女人在这方面的天赋比较好，一般都擅长于此。她们懂得吸收新的流行元素，将之加入已有的衣服，创造出个人风格。她们以优雅气质引人注目，所穿的衣服还在其次，因为衣服其实与她们是一体的。即使喜欢跟随潮流，她们也明白，将T台最新款与不退潮的经典款式混搭绝对不是禁忌。她们更注重自己的个性特质而不是盲目模仿流行。有型的法国女人一定不会只爱名牌！

那些错误的"好借口"

"不适合我，我身材不好。"

坊间服饰品牌众多、琳琅满目，尽管设计师偏爱身材纤瘦的女孩，但丰腴的女子也能找到适合自己的鞋子和洋装，就连难以在商店买到合身衣服的身形特殊人士也不例外。需要的是花时间寻找和巧妙地运用饰品，利用衣服的比例来调整和修饰自己的曲线。

练习用新的眼光观察自己，发现自己的优点：不要光盯着胸部和双腿！还可以注意脖子、腰部、肩部等。突出优势，忽略缺点，这些优势都是你的特色所在。最理想的是完全接受自己，这样才会惹人喜爱。谁说肩宽就不能穿抹胸裙，小腿粗就不适合穿半裙？简而言之，正视自己。现在的选择如此之多，每个女人都能根据自己的特点来穿衣，突显个人风格而不必追随流行。这多好！时尚不再是唯一的一种风格，而是千千万万种。尽管时装杂志喜欢充当时尚暴君，强加给我们一些流行指令，但比起20年前我们已经自由得多。你没发现那些对自己身材不挑剔，对自己衣着品位有信心的女人是多么的光彩照人吗？

> **"** 我讨厌那种'看我多么紧跟潮流'的打扮。人的风度并不一定只通过衣服来展现。在我看来，一个有型的人首先是优雅又舒展的人，对自身很了解，知道什么适合自己并加以利用。 **"**

——帕斯卡莱·蒙瓦森（*Pascale Monvoisin*）

珠宝设计师

"时尚太花钱。"

如今"太花钱"已经不能成为借口：用基础款、二手衣、一件名牌或超市品牌单品加上精心挑选的饰品就能打扮得漂漂亮亮，花费不过 100 欧元左右。35 欧元的"时髦"外套，买下三四件也不见得是个好主意，还不如拿出积蓄入手一件可以穿好几年的单品。但是，并不是说有钱就懂得如何穿衣，还需要一点儿好奇心和胆量。优雅天生，与金钱无关。好消息是，我们可以学习风格，避免出错。

"时尚太肤浅。"

是吗？你认为自己向别人展示形象很肤浅？很可惜，那些与你相遇的人都以貌取人。"你所住的房子属于你，也属于那些注视它的人。"

"我一点儿也不懂。"

正好，我们来教你！

附加问题：面对"必买单品"的诱惑，我们应不应该抵抗？

比潮流更具诱惑力的是当季不可错过的最潮单品，如瓦妮莎·布鲁诺（Vanessa Bruno）的亮片购物包、巴尔曼（Balmain）的破洞T恤、zadig & Voltaire 羊绒衫、伊莎贝尔·马朗（Isabel Marant）松糕运动鞋、Charlotte de Darel 包包……这些是众所周知的"必买单品"！动心了吧？如果仅仅是为了确保自己紧跟流行或是为了打入"话题女郎"俱乐部，一定不要下手，除非当下每个人都渴望得到的这件单品确实符合你的愿望，也适合你的个性。有一个风险就是不知什么时候会撞见很多一模一样的。相比之下，我们还是倾向于选择独特性。在这个大众化的奢侈的时代，真正的奢侈是拥有独一无二的单品或限量品。

米歇尔·布尔与永恒经典：小黑裙（p.25）、Aeschne 喇叭裤配 Vouelle 亮片芭蕾伶娜鞋

> 我相信不少女性因为自己不是金发碧眼的大胸美女而深感痛苦——很多男人脑子里只有这一种老土的幻想，还到处宣扬！因此，有些女人为自己不是天生的金发尤物而纠结，把自己伪装起来。她们不知道怎么才能取悦自己的男人，更不晓得什么适合自己。她们跟着闺密买一样的连衣裙，因为两人身材相近，也不管这裙子是否符合自己的风格。我的女性顾客中有90%会选择不适合她们的衣服。例如身材丰满却径直走向小女生穿的细吊带裙，40岁还把自己当成'洛丽塔'。

——瓦伦丁·戈捷（Valentine Gauthier）
设计师

> 我不推崇潮流。对于我来说，优雅是与自我达成一致。与身穿巴黎世家的夏洛特·甘斯布相比，我更喜爱穿牛仔裤运动鞋的夏洛特·甘斯布。穿牛仔裤和T恤的时候我很不起眼，可一旦有约会，我穿上高跟鞋，哇，立刻不一样！身体曲线马上就变好了。

——安娜贝尔·温希普（Annabel Winship）
女鞋设计师

" 没错，我们可以通过衣服来控制自己的身体。人们倾向于打扮自己最喜欢的那一部分身体而忽视其余。可以尝试反过来：把精力集中在你不喜欢的部分，把它装扮得漂亮一些。欣赏你的身体所带给你的一切。从内心去感受它，而不要从外部来打量它；好好体会，而不要狠狠监视。别忘了性感是由内而外散发的。**"**

——帕特里夏·德拉艾（Patricia Delahaie）
社会学家

" 我认为所谓风格就是拥有自己的独特身份，不追随潮流。有气质和风度——不一定是古典气质。你在街头遇见这样一个人，她不追流行，有自己的个性、特色。她与众不同。我为那些有明确自我风格的女性而设计，而绝不是为那种臣服于潮流的人。我想，会喜欢我设计的首饰的女性一定十分独立。她可能来自时尚界或是其他创意领域，也可能仅仅就是热爱创意。她的年龄我一点儿也不在乎，我只关心她的个性。她

应该非常国际化，思想开放、充满好奇心又向往冒险。**"**

——阿德琳·卡舍（Adeline Cacheux）
珠宝设计师

伊莎贝尔·托马斯（Isabelle Thomas）
身穿 Roméo Pires 背心

卡特琳·卢皮斯-托马斯（Catherine Lupis-Thomas），小店"1962"店主，自己动手把 Replay 牛仔裤剪短并加上刺绣，搭配穿了多年的普拉达（Prada）白衬衣

玛丽·雨果（Marie Hugo），Glamour 杂志时尚编辑，这一身结合了高街品牌（Topshop 短靴、kookai 毛衣、The kooples 外套）与知名大牌（Burberry 半裙、Gucci 腰带和 Fendi 手拿包）

Swildens 西服配 zadig & voltaire
男款皮鞋

66 时尚已经成为一门生意而不再是
对手艺的钟爱了。曝光过多，而且到处
都是同样的产品和宣传。过分的营销把
一个并非高端奢侈的品牌形象夸大，误
导消费者。拍个'奢华'的广告来证明
这个品牌的毛衣为什么卖得贵，其实品
质与价钱并不相符。我认为应该回归合
理真实的消费，回归真正的价值。真正
的价值消失殆尽，导致时尚产业和手工
艺死掉，这种情况在法国尤为突出。近
来众多年轻设计师崭露头角，让人看到
一线希望。面对广告牌一般的各大明星
和只会灌输流行趋势的时尚杂志，我们
今天该如何保持自己的风格？我觉得
对很多女性来说逛街买衣服真是一种折
磨。看到女性为此无比苦恼，而外形在
人际关系中的作用又是举足轻重，确实
太糟糕了。衣着一直以来都很重要，这
并非新鲜事。99

——阿梅莉·皮沙尔（*Amélie Pichard*）
鞋履设计师

以上人物的言论均出自
博客 *Mode Personnel*（*le*）。

访谈

克里斯托弗·勒梅尔（Christophe Lemaire）
爱马仕女装成衣艺术总监，
克里斯托弗·勒梅尔品牌创始人及造型师

你对法式风格的定义是什么？

坚持对平衡与和谐的追求。这源自于法兰西文化。不是巴洛克式、过度的或者英式的奇异风格，但也不是意大利式的精致装扮。法式风格更强调精神，加上了更多的思想性。

法国女人是不是成功地避开了趋同的潮流？

在大众文化的影响下，她们的穿着打扮有些退步。不过，H&M 和 Zara 也让那些有点儿购买力的女性接触到了时尚。偶尔也会出现惊喜！如何选择搭配市面上的产品得看个人。法国女人保持着简约和细节感。即使没有这些，她们也懂得怎样打扮得好看而又不过分，同时不失幽默感和些许小心思。

衣服是一种自我表达的方式吗？

它可是最本原的自我表达方式之一。穿着并不是微不足道的行为，相反，它是非常深刻的。我主张风格是表达自我的，而不是掩饰、伪装或者防备的武装。穿衣就是做自己、梦想自己、意识到自己是谁。穿衣可以让人更美，同时不忘趣味性的一面。每次看到有些电影或文章学着美剧《欲望都市》，想把女性塑造成为最新款包包或打折季而疯狂激动的白痴，我就非常反感。这种状态与女性本身也不无关系，这比倒退还可怕。还得理解女性的脆弱，帮助她们找到信心，让她们感觉自己有魅力……

如何找到与自己相符的风格？

首先要知道自己是谁。通过内省来找到自己，诚实面对自己。如果伪装，那就是逃避。内省是一条必经之路，跟金钱和信息无关。要观察自己，了解自己的身材，找到值得突出的优点和适合自己肤色、发色的服饰。问问自己：想成为什么人？想表达什么？尽管外表可能有欺骗性，但我们多少都会有意识地通过一个人的衣着、言谈举止来判断他……

哪些单品值得投资？

没有放之四海而皆准的建议。一切都取决于这个人本身。要找到个人的衣服——我强调"个人"这个词，建立自己的服装语言。不过，我也坚信品质很重要。爱马仕总裁让·路易·迪马（Jean-Louis Dumas）说，购置一件昂贵的精品时，人们会忘掉它的价格却记住它的品质。如果一双高品质的短靴或浅口高跟鞋适合你，当然可以买下！

那么著名的小黑裙呢？不是说它适合所有人吗？

首先，有些女人就不爱穿裙子！它并非必不可少。我不信所谓的"时尚必备"。谁说非得有小黑裙、风衣和芭蕾伶娜鞋不可！

反过来，对你来说不存在任何禁忌吧……

不存在！我反对"时尚指令"。每个人都应有权根据自己的特质选择服饰，想怎么穿就怎么穿。今天，在文明国度，只要你想，你就有权穿奇装异服。多棒！社会上甚至可以容忍男性穿女装。

"品位好坏"的观念很值得商榷。

你觉得"sexy（性感）"一词的定义有变化吗？

女人想讨人喜爱，男人也一样。这再正常不过。但 sexy 这个词已经被用得太滥、太浅薄，我不愿意再用。这个词的概念变得可怜、廉价，成了低俗的同义词。性感成了"假胸"和"暴露"的代名词，流于高级妓女的审美。我非常欣赏女性美，更喜欢隐约显露的脖颈、关节、皮肤、头发，还有举手投足间的美……并不是只有裹胸和紧身衣才诱人！性感和羞怯可以并存。害羞很惹人爱。而且，绝大多数男性（和部分女性）都是这么看的。

> " 首先要知道自己是谁。通过内省来找到自己，诚实面对自己。"

女人被洗脑的误区

顽固的旧观念

豹纹太俗，黑色显瘦，紧身裤只适合苗条女郎，木鞋太丑，天鹅绒像老学究，海军蓝是老太太的专利，平底鞋是高个儿的特权，迷你裙过了 35 岁就不能穿……在我们找寻自己风格的路上，这些陈旧的观念令我们裹足不前。其实，时尚是私密和个人化的事情。可是，尽管很多女人希望自己独一无二，她们却一心想得到别人身上的东西。品牌看起来让人觉得有保证，实际上，有些品牌的重点放在营销而不在时尚本身，它们很清楚消费者的心理并大大利用了这一点。时尚并不是跟世界另一端的人穿一样的衣服，与潮流和旧观念反其道而行之也能创造自己的风格。

无比优雅的阿涅丝·普勒
（Agnès Poulle），时尚编辑

高跟鞋
性感的标志

如果选对了款式（再没有比廉价高跟鞋更差劲的了）和鞋码，并且会穿着高跟鞋轻松迈步，当然没问题。而脚指头伸出鞋底边缘、穿过小过紧的浅口高跟鞋，或者走起路来像是在雷区里踟蹰不前的鹳鸟，看着真让人抓狂！并不是穿上高跟鞋就能优雅。让女人显得优雅的是鞋子的优美线条和穿着它摇曳生姿的步态，这与鞋跟的高度没有关系。精致的德比鞋穿起来也能十分女性化。

集中型内衣
无法抗拒的诱惑

浑圆的胸部的确诱人，比如斯嘉丽·约翰逊（Scarlett Johansson）的美胸。但是也有不少男性和女性承认凡妮莎·帕拉迪丝含羞的平胸格外性感。那么，为什么女性对集中型内衣趋之若鹜？当然，她们有权力享受变"大波"的乐趣，但不能忘记的是要根据自己的胸围选择合适的内衣：穿背心或紧身毛衣时绝对不能勒出内衣罩杯或蕾丝花的形状，非常难看。腋下也要小心走光！

豹纹
俗到家

全身豹纹显得很俗很廉价，但是在低调的衣装中点缀一点儿豹纹就毫无风险。最受青睐的单品有：豹纹 V 领羊绒毛衣、高贵的仿豹纹大衣、优雅的豹纹风衣、羊毛或真丝豹纹小方巾、名牌豹纹莫卡辛鞋或浅口高跟鞋、手拿包等。

安妮－索菲·贝尔比利（Anne-Sophie Berbille），Prestigium.com 网站联合创始人

雅致的罗伯特·卡沃
利（Roberto Cavalli），豹
纹连衣裙塔配周仰杰
（Jimmy Choo）凉鞋

娜斯塔西娅·弗里德曼（Nastasia Frydman），学生，身穿贡希尔德（Gunhild）格子长裤——经典之美

亮片和水钻

圣诞树一样，太花哨

这两种东西最好在白天用。和豹纹一样，需要用简单不浮夸的单品来配搭，降低花哨度（你又不是平安夜宣布彩票抽奖结果的电视主持人）。亮片套头毛衫配牛仔裤显得活力十足，缀亮片的德比鞋会给普通长裤或洋装带来一丝欢快情绪，小方巾可以令简单的大衣变得活泼起来……

Vouelle 芭蕾伶娜鞋

格纹

看起来像小丑

还有人说像伐木工、农民、牛仔或者庞克！格纹承受了太多偏见！其实它从未过时，很容易搭配，还很衬人。格纹的搭配能力超强，和不同的单品放在一起可以塑造庞克、英伦风或者学院派等各种造型。苏格兰格纹长裤配经典莫卡辛鞋或马丁鞋的感觉完全不一样！格纹还有增添活力的作用。一件牛仔格子衬衣可以将正经的白领女郎西服长裤套装变得很摩登，也可以让毛衣变得活泼有趣。还有一个妙用，格子花纹和其他印花图案都能混搭：格子＋碎花，格子＋圆点，小格子＋大格子……真是易如反掌！

哈伦裤
瘦人才能穿

恰相反！哈伦裤宽松，可以藏住肥肉又不会让臀部显得扁平。要选布料挺括的高腰款，搭配合身上衣。当然，穿不穿哈伦裤，还要看你的和你男朋友 / 老公的喜好！

短袜
只有小女孩才能穿

短袜搭配凉鞋或莫卡辛鞋确实不适合所有人。这种穿法只适合那种比较精致的或有"心机"的极简装扮。漂亮的银线薄袜搭配高跟鞋，颜色鲜亮的短袜搭配男式皮鞋，既活泼又有型。

芭蕾伶娜鞋
永远都优雅

不一定！有些款会让你看起来像老奶奶。千万别买塑胶的（脱掉的时候肯定很尴尬）、有厚橡胶底的、鞋头太长的和鞋跟倾斜的。唯一可买的款是开口特别大，鞋底极薄的。这种既能配牛仔裤（紧身或直筒）又能配短裙或及膝裙。

哎哟，我的脚！

如果你的鞋太紧或者太新，可以利用短袜把它穿松，每天在家穿 10 ~ 15 分钟。假如还卡脚，请鞋匠帮忙，可以放大半码左右。

建议：放大后直接套上鞋，不必穿袜子。

Miu Miu 短筒袜配
Vouelle 凉鞋

白色
胖人不能穿

任何一种颜色都不是苗条人士，金发、棕发或红发女郎专用的。那样的话选色岂不是易如反掌？色彩的选择与个人风格、服装面料和剪裁都有关系。当然，偏胖的人最好避免柔软的白色麻质长裤或白色打底裤（其实所有人都不该穿），非常丰满的女孩也能穿白色吸烟装或白色紧身裤（不能是低腰弹力裤）。

黑色
适合所有人

"选黑色吧，跟什么都能搭！"当我们犹豫不决的时候，有些不耐烦的时装店店员会这么说。这不一定对。黑色的包包或鞋子不见得比材质好且色泽漂亮的酒红、深红或烟灰的更能搭配其他单品。而且，大白腿和黑鞋反差太大。此外，应该更注重材质。很多办公室女郎穿的涤纶外套和免熨紧身黑色长裤其实非常难看。

天鹅绒
学究气十足

又旧又皱巴巴的当然不好看！如果是剪裁好又合身就另当别论。一件挺括的平绒或条绒外套最有利于打造利落的形象。碎花或飘带衬衫配丝绒西服外套很有英伦流行风格。紧身条绒长裤更加休闲，可换下万年不变的牛仔裤。建议选择柔和的颜色：铁锈红、暗绿色、卡其色、焦糖色、栗色、紫红、玫红等。穿着压花丝绒的难度更大一点儿，一不小心就会穿成去听演奏会的王子或者教手工劳动的义工老师，可选的只有设计简约的紧身天鹅绒晚礼服。在任何情况下，都应避免又软又皱的材质和显得陈旧的颜色。

皮衣
乐手打扮

我们说的不是束着发、戴着耳环、挺着大肚子的那种皮衣打扮。自从有了弹性皮裤，大家就把以前那种会在屁股和膝盖处鼓出一块、无法复原的皮裤忘到了九霄云外。如果你的体形不错，可以选择修身长裤或铅笔裙，否则可以选择牛仔裤样式的长裤或者花苞式及膝裙，完美掩饰过于丰满的身材。千万不要浑身上下全是皮装，除非你是在扮演猫王！如果你已经穿了皮裤或皮裙，就把皮夹克和牛仔靴留在衣橱里。用另一种材质来柔化皮装的硬朗感，令整体造型更"中产"一些。可以选较透明的丝质衬衫或者粗花呢上衣。别忘了皮装性感的那一面，想想赫尔穆特·牛顿（Helmut Newton）的摄影作品。颜色方面也可以多动脑筋。可选的不只是黑色，还有血红色、紫红色、焦糖色或海军蓝。

罗马尼·格雷兹（Romane Gréze），学生，皮夹克配碎花连衣裙，跟巡回演出乐队成员完全两样

天哪，我的钱包大出血

昂贵的名牌单品并不见得能保证品质。现在很多设计师把订单放到国外，面料廉价，做工粗糙。20年来，服装质量每况愈下，而价格却直线上升。他们把消费者当傻瓜，拼命压榨我们的钱包！

罗马尼亚亲穿 Maje 皮裤

克莱尔·德朗（Claire Dhelens），
时尚编辑，Léonard 豹纹衬衣
给赛琳黑西服增添了华丽感

访谈

桑德林·瓦尔特
Aeschne 品牌创始人

什么才是好材质?

首先是手感。衣服摸上去应该是细腻舒服的。其次看标签:标签上应该写明成分。最好选择自然材质:棉、丝、羊毛,还有粘胶——它是由树皮制成的。不过要注意的是,棉、丝和羊毛也有多种。有的棉比较差,有的手感像丝一样柔滑,当然价钱不同。区别在于织法和处理的方式。所以手感很重要。要验证一件羊毛外套的品质好不好,可以学学我买面料时的小诀窍:将衣服的一角与另一角互相摩擦,如果出现小球,说明材质不佳。羊绒也可以这样试。

那么应该彻底摒弃化纤吗?

如果主要成分是化纤,就应该摒弃,比如那些低端品牌的单品,全是闪闪发亮的,丑极了!但是不能把化纤完全妖魔化。它也有优点。

比如，真丝怕光，10年时间，一件丝质的衣服就能完全被光线"晒化"。加入一点点化纤，可以使衣服更经穿。同样，聚酯纤维和亚克力可以使毛衣少起球且适合机洗。因为纯羊毛（包括羊绒）总是会起球。氨纶让布料更有弹性、更舒适。最理想的比例是化纤含量不超过5%。标签上就能看出来！

怎样看做工好坏？

把衣服翻过来。如果里外一样精致，这就不错。我用真丝而不是化纤来做大衣和外套的里衬。真丝的里衬比较娇贵，但更漂亮。东西品质好就需要小心保养。这得看个人选择。检查布料：格子或条纹应该是正的。再看看走线：线是不是松的？卷边是平整的还是耷拉着？扣眼是否整洁？扣子钉得紧不紧？如果有线头，说

明是机器钉的。目前还没有会打结的机器。所以扣子最终都会掉。另外，注意扣子本身的材质：塑料扣子比贝母扣和玻璃扣更结实，但看起来不够高档。大批量生产的衣服讲求速度，做工就马虎。很可惜，做工好的衣服才会显得精致。

> 66 大批量生产的衣服讲求速度，做工就马虎。很可惜，做工好的衣服才会显得精致。 99

好的剪裁又是什么样的呢？

一件衣服穿在身上要自然，感觉很舒适。不要仅仅因为它挂在衣架上很美就被迷得晕头转向。设计师很棒，但与他合作的打样师水平一般，那他设计的衣服就会功亏一篑。

这好比建筑设计出问题，房子就会垮塌；打样师做得不好，裙子就走形。大批量地制作成衣时，打样师一般在电脑上进行平面设计，结果就很差。一个优秀的打样师必须考虑到女性的身体，用模特儿进行立体设计。假如某个你钟爱的品牌推出的新装上身没以前好看，说明打样师换人了。所以，下手之前一定要试穿。相反，对于一件挂在衣架上不怎么起眼的衣服，要多一点儿好奇心，取下来试试：说不定穿在你身上就变得非常出色。

永远不离不弃的那些衣服是我们最好的朋友，每次因为不知道穿什么而心慌意乱的紧要关头，它们总会帮我们一把。尽管潮流来去、身材变化、心情起伏，我们永远都能依赖这些老朋友。就算我们嫌弃它们不再新鲜有趣、不再给人惊喜，但把它们压到箱底几个月甚至几年，某天再拿出来还是会很欢欣。最棒的是，它们从来不会怨恨。而且，分别一段时间之后，它们变得更有吸引力。

不离不弃，时尚永继

不会让你失望的真朋友

因为它们都是基本款，绝对可与当下的流行单品搭配，而时间的打磨让它们显得越发美丽。不过，好友们的"忠诚"有一个前提条件：必须付出相应的价钱。也就是说，购置的时候要讲究面料、皮质和做工。我们一再强调：有一些单品必须投资，不能斤斤计较。说的就是这些单品！

接下来就一一介绍我们的好朋友。欢迎你也来加入你的名单。

Burberry 风衣也能穿出新意

风衣

继美艳的劳伦·白考儿（Lauren Bacall）束紧腰带的风衣造型之后，简·伯金（Jane Birkin）和夏洛特·甘斯布搭配牛仔裤和球鞋的叛逆不羁式造型让风衣有了全新穿法。它不再只是下雨时穿的衣服，成了一种塑造新造型的单品。

风衣必须买面料挺括（轧别丁/华达呢）的。风衣和皮夹克属于少数几种穿得越旧越好看的服装。这也是为什么我们在跳蚤市场会看到仍然不错的二手Burberry风衣。

帅气的靴子

靴子以前一直是男人的专利（圣女贞德受审时，对她的多项指控之一就是穿靴子）。安德烈·库雷热（André Courrèges）把靴子从男人的衣橱里彻底解放出来，装点女性的双足。此后，从爱马仕到鲁布托（Louboutin）、伊莎贝尔·马朗，每个设计师都爱在秋冬系列中一再诠释靴子的魅力。

风衣购买秘籍

无论什么品牌，最重要的是面料。别买皱巴巴的或反光的化纤面料和软塌塌的棉质面料，要选轧别丁、略为粗糙的羊毛呢，或者是《黑客帝国》里的那种皮风衣。不要忘记里衬（里衬好衣服才会很挺）和细节（肩部的扣子、袖子上的反扣、胸口的……）

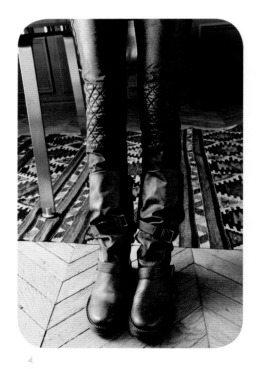

安·迪穆拉米斯特（Ann Demeulemeester）长靴

普丽西拉·德拉福尔卡德
（Priscilla de la Forcade），演员，
身穿经典的 Burberry 风衣

娜斯塔西娅以贡希
尔德蕾丝上衣配塔
H&M 牛仔裤和 Ash 长靴

玛丽·雅基耶（Marie Jacquier），
法国国家博物馆联合会外联及
宣传负责人，身穿巴黎世家长
裤，搭配 Ann Demeulemeester 靴

机车靴适合在青春期的尾声扮反叛，因为它可以打破一切过于沉稳的衣装。卡马尔格靴（法式牛仔靴）和天然皮质骑士靴也深受喜爱，常用来搭配夏天的短裤或连体衣，还能在休闲时拿出来配直筒或小喇叭牛仔裤、天鹅绒裤。靴子需要保养，打油、换底、上光，让它像英国绅士的靴子一样锃亮。卡马尔格靴强势回归，是时候把它们从柜子里取出来重见天日了；新买一双也不错：可以搭配彩色长筒袜和半裙，也可以和牛仔裤一起穿，中规中矩。

圣托佩凉鞋

一双简简单单的平底凉鞋，露出你脚部健康的肤色（别忘了漂亮的趾甲），会让你看起来格外优雅。买一双 3 个月就进垃圾箱的便宜货还是真正手工制作凉鞋，当然任你选择。如果想多穿几年，建议去圣托佩有名的 Rondini 店购买或者网购。没错，正品价格更高，可是，亲爱的，老店的品质可不一般！

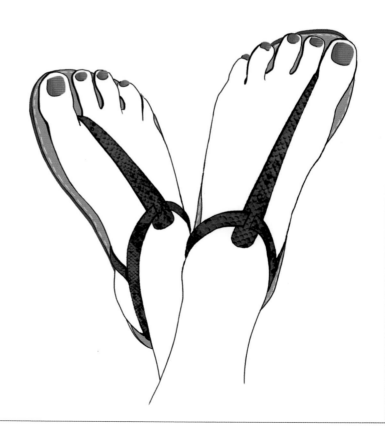

白衬衣，黑衬衣

我们要说的可不是女式衬衣，女士衬衣通常过于紧窄修身。不如去男友／先生的衣橱里偷拿他最好的一件衬衣：材质必须是上佳的厚棉——涤纶绝对不可，没有任何花哨装饰（最好没有口袋也没有肩章）。把它当连衣裙单穿，系一根腰带，性感至极。这样一件衬衣能把普通的牛仔裤变得魅力十足，也能使超短的热裤变得高雅别致，还能给有些老气的直筒半裙或铅笔裙增添时髦感。简而言之，高品质的男式衬衣无所不能！我们最喜爱的品牌包括迪奥男装（Dior Homme）、高级定制衬衣品牌Charvet、阿尼亚斯·贝（Agnès b.）和盖普（Gap）。

V 领羊绒衫

必须人手一件！合身或者稍微宽松，胖姑娘和"纸片人"都能穿，还能避免很多着装灾难！可以贴身穿，搭配铅笔裙并点缀少许首饰，也可以穿在有领的纽扣衬衣外面，下着牛仔裤或毛呢长裤。利用不同的配饰，可以在工作日和休息日穿出精致感和休闲感。V 领羊绒衫和白衬衣有一个共同点：换件饰品，你就能毫无障碍地从紧张烦躁的工作会议场合转换到亲密放松的两人晚餐场景。羊绒毛衣并非昂贵的奢侈品，Monoprix 超市的羊绒衫就很不错。如果羊绒衫起球了，可以到杂货店买电动去毛球器，效果超棒！羊绒衫需要温水（小心，温度高了就洗坏啦）手洗，要用羊毛专用洗涤剂，最好用柔和型的洗发水。轻柔地挤出水分，然后平铺在干净的浴巾上晾干。

> 66 *黑色套头毛衣是我永远不离不弃的基本款。我有无数件黑毛衣，用它打底，上面可以添加一些更加抢眼的元素。* 99

——*玛丽亚·露西亚（Maria Lucia）*
春天百货时尚顾问

奇诺裤

奇诺裤源自美国，是牛仔裤的孪生兄弟，男女通用，面料为结实的棉布，分有褶和无褶两种。裤型宽松笔直，可长可短，裤腿可卷边。讲究的法国女人不用运动鞋和毛衣搭配这种裤子，因为这样穿实在过于休闲！法国女人会选择男式衬衣或苏格兰格子衬衣来造型，或者配一件漂亮的真丝女式衬衫和几件首饰，又或者以白色无袖贴身背心加男式外套来搭配，脚下穿精致的高跟凉鞋或靴子……奇诺裤无论什么类型、什么颜色穿起来都好看，传统的卡其色奇诺裤更是出彩。

厚呢水手大衣

漫画《高卢夺宝》里的七海游侠卡托·马尔蒂斯（Corto Maltese）永远穿着它，既优雅又潇洒。设计师伊夫·圣罗兰则把它变成女性衣橱里的一件经典单品。厚呢水手大衣的材质也至关重要，绝不能低劣。只有用厚实且略微粗糙的羊毛呢才显能得贵气高雅，简而言之，必须与传统保持一致。

时尚店长朱莉·博克内（Julie Bocquenet），发饰为 Hermès 丝巾，身着 H&M 上装、Zara 奇诺裤

皮夹克

时尚界各大品牌都设计过各种新款皮夹克，有的成功有的失败。要选择皮质柔软、有弹性且极为合身的款型，然后任它自然变旧：它就是你的第二层皮肤和铠甲。不要怕，把它披在肩头，配搭各种浪漫的小洋装，看似风格冲突，但效果会让你分外惊喜！最受女孩喜爱的品牌有：Swildens, Gérard Darel, Virginie Castaway, Heimstone……还有 Rick Owens。

没错，在跳蚤市场也能买到正宗的机车皮夹克！

皮衣需要精心打理

用卸妆乳和宝宝霜来清洁和护理皮革非常有效。用棉片蘸一点儿卸妆乳或宝宝霜，在整块皮衣上以画圆圈的动作轻轻擦拭，不能用力搓。警告：如果棉片上沾染了皮衣脱落的颜色，要立即停止擦拭，将你的外套（皮夹克、皮大衣或皮裙）送到皮革染色专门店修护。如果要将皮衣收起一段时间，请将它翻转，用丝质纸包起来，然后放到密封的大塑料袋中。

如何与"好朋友们"保持良好的关系？

一定要把衣服洗干净之后再收起来，不然必定会滋生蛀虫。衣服最好收在大的真空袋中，放一些胡椒粒，胡椒粒是最好的防虫剂，而且不会引起过敏或产生污染。要避免鞋面开裂，可以涂上保湿滋养鞋油，并用木质鞋楦撑起来，塞一些报纸也可以。

访谈

阿兰·尚福（Alain Chamfort）
作曲家、歌手

你觉得今天谁是"法国女人"的代表？

30 年前，凯瑟琳·德纳芙（Catherine Deneuve）是典型代表，她所体现的完美无瑕符合那个时代的审美趣味，而伊纳·德拉弗雷桑热是那个时代的最后一人。今天的代表可能是凯特·莫斯，有点儿颓废，又有点儿摇滚！优雅其实已经成了神话，如今流行趋势被大众消费牵着走。不过，处处精心设计好的"完美形象"也不见得更高明。要有那么一点儿随意才有意思。

优雅的概念已经变了吗？

我已经无法判断。在我看来，优雅是衣装、仪态精致讲究的结果，需要经过中产阶级的教育培养，但

可遇不可求。以前我们能辨别出优良的材质和漂亮的剪裁……而现在，人们的眼光不如从前了，对这些东西也兴趣缺失。

> **"** 优雅其实已经成了神话，如今流行趋势被大众消费牵着走。**"**

优雅的女孩还存在吗？

当然！我觉得那种驾驭任何衣服都游刃有余，毫无造作感的女孩就是。她有常识，懂得看场合穿衣，着装方式还不乏幽默感。最重要的是，她知道如何突出自己的个性，不希望看起来像别人。在我看来，保持个性至

关重要。不要忘记，服装体现我们脑子里的想法。每个人的着装选择体现出每个人的身份。

对你来说，什么是最不可忍受的低级趣味？

其一是七分裤！口袋突出，形状太难看了，减分！

禁忌之二是丁字裤。私底下也不可以。我讨厌暴露的臀部！即使大美女穿着也很俗。裤子显出内裤的形状并不有碍观瞻，比丁字裤强多了。不要以为紧身超短裙和高跟鞋很性感！一个小错误就能让魅力荡然无存。

罗马尼身穿一件颜色如泡
泡糖般可爱的美国肖特
（Schott）机车皮夹克

换个新造型

利用小细节让衣服焕发新生

我们不一定有那么多预算，可以每年冬天添置新大衣或买下当季"最 in 单品"。随着各大平价品牌迅速扩张，加之某些品牌人气火爆，我们与身边的人撞衫的机会也大大增加。大家越来越不愿意冒打扮出格的风险，所有人都相互模仿，最终每个人的样子看起来都差不多。不过，若是精心挑选配件并用心搭配，就可以令我们的衣橱增添活力，让它变得更时髦、更丰富。况且近几年来，配件设计师的新奇想法层出不穷，推出了众多独特的设计。除此之外，配件还能改变着装气质，令造型更加个性化。

奥德·佩潘（Aude Pépin），演员，也是法国 Canal+ 电视台《新闻大杂烩》播报小姐，用 Alaia 古董腰带点缀 APC 连身裤。

米歇尔大胆运用艳粉丝袜混
塔香草色的APC洋装

连裤袜

女人成打成打地买连裤袜，如果只是为了保暖或者因为不能光着腿，那就大错特错。选择不当，它会让你瞬间土得掉渣（哦，肉色天鹅绒连裤袜）；穿对了，能让一身沉闷打扮变得青春活泼起来。这种配件价格不高，却能彻底改变你的造型。前提是选对颜色。透明裤袜配短裙或黑色连衣裙，忘掉这种搭配吧！除非你想看起来像又老又土的助理。如果害怕出错，可以选不透明的黑色。但彩色连裤袜并非只有英国女人和小女孩才能穿。彩色连裤袜可以配别致的民族风连衣裙、短裙、天鹅绒和牛仔裤。用美丽的红色（要当心，不可红配黑）、紫红色、深灰色、亮桃红、丁香色搭配卡其色和其他"秋天的颜色"，非常漂亮。需要注意的是，不可滥用色彩，否则会看起来像个纸杯蛋糕！

蕾丝袜和网眼袜也适合搭配经典的铅笔裙、羊毛小洋装或皮短裤，可以穿浅口高跟单鞋、靴子或运动鞋。最大胆的穿法是用长筒丝袜配厚厚的短袜和凉鞋。

碰到有印花图案（花朵、蝴蝶和其他傻气花纹）的长筒丝袜，下手必须极为谨慎，因为它们很容易让你看起来像穿越而来的嬉皮士……

网袜和鲁布托高跟鞋的妙趣搭配

Chèche 头巾

我们喜欢而不选择苏格兰羊毛围巾或起球的米色围巾，因为这两者让人想起学校门口的学生。Chèche 是什么？是一大块富有异国情调的彩色民族风织物。亚雅（Yaya）说："其实它就是图阿雷格人头上缠的长头巾。"亚雅是图阿雷格 Chèche 头巾"博士"和巴黎 Yaya Store（亚雅的店）的创办者。她说："这是唯一的不需要卸妆的化妆。"冬天，Chèche 头巾可以给我们带来温暖，给我们的大衣增添一片亮丽的色彩。此外，它与经典服装相配会显得更美，提升基本款（风衣、男式外套、皮夹克等）的能力更是特别强大。夏季，它又薄又宽，可以当作纱笼或露背连衣裙穿。

可以在旅行时带一条回来。假如巴黎—蒂华纳的往返机票不在你的预算之中，可以去 Yaya Store、Epic 或 Antik Batik 专卖店购买。

如果你有一堆围巾，好好利用起来：紧绕在脖子上配街头风格的衣服，系在头上当束发带颇有上世纪 60 年代的感觉，绑在手腕上则是吉卜赛风。

亚雅和著名的图阿雷格长头巾

梅卡达尔（Mercadal）
凉鞋，堪称装点双
足的首饰

珠宝鞋

它们可以让最朴素的牛仔裤和最简单的卡其色瞬间时髦起来，一辈子破费一次，这笔投资划得来。注意：第一，我们的目标并非堆砌外在的东西来炫富，要低调；第二，脚要干净漂亮：要修甲、涂指甲油、抛光（皲裂的脚后跟和没修剪好的脚指甲会太煞风景）。只要有金银丝袜，冬天甚至也可以穿凉鞋。

华丽的珠宝凉鞋有以下品牌：梅卡达尔、Manolo Blanik、Antik Batik、Vouelle……

Charles kammer 裸色高跟凉鞋

大型首饰

它可以使一件简洁无装饰的连衣裙变得生动，给外套加长裤的职业装增添几分妩媚，还能让牛仔裤也显得精致讲究。要让魔法显效，必须除掉手上结婚 10 周年时买的祖母绿戒指、脖子上的人造珠宝吊坠、手腕上的运动型手表。首饰不能佩戴过多。

恰当的大型首饰有：Marni 彩色树脂球缎带项链、Imaï 多层金色长链、Adeline Cacheux 纯银粗锁链手镯、Aime 臂环。

拥有婴儿般柔嫩双足的护理法

用柔和的香皂轻轻洗净并打磨脚部之后，在掌心中混合一些 Avibon 乳霜和露得清（Neutrogena）护足霜，给双脚涂抹上厚厚一层并用保鲜膜包裹起来，再套上棉袜。穿着棉袜睡觉。如果你不方便穿着睡，那就一边看美剧一边保养吧。

艾丽斯·于贝尔（Alice
Hubert）的吸烟红唇项链
永远都是画龙点睛之笔，
配以别致的Claya皮领外套

鲁布托高跟鞋，闪闪的低调奢华

发饰

伍德斯托克（Woodstock）音乐节之后再没见过这样的饰品了！女孩们用古董珍珠、孔雀羽毛、金属丝编织品、夸张的大花朵、蓬乱的羽毛和细细的链子装饰头发，而且热衷于此道的不仅仅是青少年。面纱、女式小帽也大有卷土重来之势。发箍成了喜欢流行的女性必不可少的配件。

一不小心就俗了！
拒绝花哨的发饰！

仿牛角的塑料发抓和荧光色天鹅绒发圈只能出现在浴室里。可爱的凯蒂猫（Hello Kitty）小夹子还有花花绿绿的小蜻蜓发饰，到底还是适合戴在小姑娘头上。应杜绝一切看起来像是浴室或床上用的玩意儿。你能想象凯特·莫斯或伊纳·德拉弗雷桑热头上扎着发圈吗？不要找借口，很多商场和设计师品牌店都买得到漂亮的发饰（如 Sylvain le Hen, Johanna Braitbart, Libertie is my Religion, Pascale Monvoisin）。

纳夫西卡·帕帕尼古劳（Naphsica Papanicolaou），法律专业大学生，身穿 American Apparel T 恤，头戴 Hairdesign Access 发饰

玛丽·佩罗内尔（Marie Peyronnel），记者。穿着从妈妈那里"偷"来的20世纪80年代的阿尼亚斯·贝经典皮衣

皮带

你在购买皮带时很小气吗？那就糟了！廉价的皮带材质差，金属配件褪色，皮面爆裂起皮，皮带头难看，让你顿时完败。所以必须扔掉平价品牌裤子上附赠的人造革皮带。和鞋子一样，皮带也不能随便：便宜的皮料很难显得精致。与其选择较差的皮带，不如选择较厚的织物材质。因为皮带的作用并不只是系紧裤子，还要给整体造型加分：一条漂亮的皮带能够提升平价外套的格调，一根男式皮带可以让风衣变得时髦，皮带还能让直身连衣裙变得非常有女人味儿。

帽子

也许你觉得戴帽子一定会像英国女王的周末休闲装束，或者看起来像乔治男孩，其实在这两者之间有第三条道路。自从贾斯汀·T和皮特·D坚持戴毡帽出门后，我们也想来顶帅气的帽子。当然，我们经常说有些人是"帽子人"（戴帽子很好看的那些人），但其实帽子的样式如此繁多，每个人最终都能找到自己适合戴的帽子。零风险的选择是选男式帽子。它适合15岁至77岁的所有女性，风格百搭：既能配浪漫的蕾丝裙也能配斜纹软呢外套。还有，别忘了五颜六色的宽边软帽，很有在卡普里岛夏日度假的味道哟。

帕特里夏·谢兰
（Patricia Chelin），媒体宣传专员，戴
H&M 男式鸭舌帽
和 Sandrine de Montard
戒指

访谈

阿利克斯·珀蒂
巴黎时装新锐品牌 Heimstone 创始人

你如何看待今天的时尚？

完全被大众市场冲昏了头。我不反对别人赚钱，但他们太耍弄消费者了：现在的衣服很贵，大多数却是中国制造，材质很差。昂贵的原因在于相关的营销宣传费用高，但品质和专业技能已不在。现在的衣服不再经久耐用，而是为了被迅速消耗和替代。我的目标是：我做的衣服要经得起时间考验，四季皆宜。我不明白为什么一件衣服到了季末就得贬值一半！我喜欢经久不衰、永恒经典的东西。我认为不应该在乎什么季节。为什么季节一变换，一件衣服就失去了存在的理由呢？为什么我不能穿去年夏天的洋装配羊毛长筒袜和毛衣呢？我在做服装系列时花同样多的时间设计款式、织物和印花图案，我从头到尾控制所有环节，我这样做是为了赋予它们价值和个性。我不想在别处找我需要的印花。我想让我的衣服流传下去，永远不被淘汰。喜不喜欢由你，但我的印花图案一定是独一无二的。

你的设计受到哪些因素影响？

我不受任何时尚观念的影响，不在意任何潮流。我不怎么看女性杂志，也绝少去看时装秀，因为我不喜欢那种对待时装的方式。对我而言，衣服不是为了让女人看起来像这个或那个类型而存在的，而应该代表每个女人，表达她的真实自我。旅行会给我带来一些想法，还有芭蕾舞、书籍、音乐、遇到的人——除了"时尚"之外的一切。我设计我喜欢的衣服，不是最新潮流也无所谓。我想用黄色就用黄色，管它是否流行！我脑子里没有任何限制，混合各种印花、各种颜色，完全不成问题。其实，我想在一间不大不小刚刚好的店铺里营造出一个独特的空间。

> ❝ 我不受任何时尚的影响，
> 不在意任何潮流。❞

我一点儿也不喜欢大商场，要在同一个地方买衣服、喝酒吃饭，光想想就让我不舒服。

你的穿衣风格是什么？

我从来就没有过特别的风格，我穿衣的方式是自我的折射。我觉得我一直是这么穿衣的，从青春期开始就是这样。来我店里的女性顾客，有的已经有了非常鲜明的个人风格，有的完全没有特色，希望找一件独特的单品给自己的造型添上一抹亮色。

❝ 我觉得法国女人典雅，很美。❞

你怎么看大街上的法国女人？

我觉得法国女人典雅，很美。而纽约女人的打扮更大胆，更放得开。她们来自世界各地，各种文化交汇融合：在纽约街头能碰见一些非常漂亮的女孩！她们会穿一双很旧的长靴配短短的热裤，身上有超美的文身！洛杉矶的女孩比较华丽，比较好莱坞式。相反，法国女人具有美国女人所没有的优雅。

你觉得消费社会对时尚有影响吗？

消费社会已经影响了时尚好些年。他们向大众宣扬，模仿某个名人穿成这样或那样就能成为和那个名人一样的人！人们不再穿出"自己"，而是穿成"自己想变成的那个人"。更有甚者，给女性消费者洗脑，让她们相信自己必须像某个女明星一样打扮。其实，"我是这样的人，所以我要穿成这样"才应该是女性的正常思维！

我们的社会受到了电视真人秀文化的巨大影响：都想出名，不劳而获。拍了三张照片就成了"艺术家"！工作的价值不再被承认。我这一代人中间已经有很多人不知道什么叫工作！

在时装界，你是否感觉有一种滑向"短平快"的诱惑？

现在用的面料材质比以前差。越来越多糟糕透顶的合成材料是中国制造，一采购就是上千米。设计大师和大品牌的美好单品被平价时装品牌抄袭，而消费者养成了坏习惯，低价购买这些曾耗费品牌大量心血、代价高昂的产品。有些厂商已不会精加工了，他们对钱更感兴趣，而不是对精湛工艺感兴趣。很多人已经不了解制作一件衣服过程中的某些工序了，在法国及欧洲其他国家、印度或其他地方都有这种情况。技艺都失传了，有些织物工厂已经没有了美的文化。他们追求效益，所以简化工序，宁可品质受损。现在越来越难找到把衣服当作独一无二的有品质的东西来精心制作的人了。

让平价单品
变得有格调
提升风格感的小诀窍

风格与财力无关。优雅和个性是买不到的。否则，我们得去世界上的顶级富豪身上寻找时尚灵感了。其实，一些人正是因为经济拮据才变得创意十足。今天的流行风向是混搭。我们应该好好加以利用。也不要忘记，尽管大众消费让更多的人认识了时尚潮流并引为己用，适度才是有品位的表现！

阿里亚纳·迪布瓦（Ariane
Dubois）, A Delaroche 品 牌
创始人，自己动手给
简洁的上衣钉了一颗
古董纽扣

心动没错，但需谨慎

如果你不想跟地铁车厢里的其他人穿得一模一样，那就不要买广告宣传的、商店橱窗和店铺堆放的主打单品。"淘宝"需要时间和眼光。必须经常去逛街（心动的风险会大大降低）。告诉你一个小秘密：H&M店每周四会到大批新货。从衣架后面找出一件拼皮黑色棉T恤或是一件乍看不起眼的珍珠色丝质衬衣，多么有成就感！廉价基本款连看都不用看：那种棉质V领衫毫无价值！皱巴巴的黑色长裤，拉链太多的夹克，亮闪闪的仿缎上衣，化纤布做的紧身长裙，太沉闷的印度长袍，水洗得太厉害、装饰铆钉过多的牛仔裤，太容易变形的塑料腰带……不要指望在其中发现品质好又不容易被淘汰的基础单品。运气好的时候也许能碰上个别不错的东西，但基本上只能找到一季的"短暂相好"，找不到永恒的激情。

能给造型加分的配件值得投资

总是有些优雅又时尚的女性会出人意料地告诉大家她们穿的漂亮洋装是在H&M、Zara或Mango之类的平价品牌店买到的。"没错，没错，不骗你哦！"聪明的她们懂得，要靠巧妙运用配件才能胜出：漂亮的图阿雷格长头巾、精致的腰带、设计师品牌的鞋子等等。是的，有时候，一件高品质配件的价格可能相当于两三条裤子的价格。

Fred Marzo 单鞋

阿里亚纳·迪布瓦的"新中产"造型：H&M 半裙，Paule KA 外套、赛琳方中

穿着 Surface To Air 高跟鞋
走在路上，气场强大！
其他穿搭: Mimilamour 项链、
Ann Demeulemeester 皮质 T 恤、
Antik Batik 腰带，Monica's
Vintage 半裙。

既然你已经有了十条窄腿裤，何不拿出买第十一条的钱投资在一件经久不衰且能给造型加分的配件上呢？比如选择高级时装品牌的华丽腰带或者新锐设计师设计的鞋履（如安娜贝尔·温希普、阿梅莉·皮沙尔、Jancovek 等品牌）。

给大衣或外套加上一圈毛领；一刀剪短男式套头衫；把透视蕾丝半裙的内衬剪短到大腿中部。

混搭

穿衣绝对不能穿整套！想穿出风格，必须懂得"混搭设计师单品 + 平价货 + 一点儿古着"的穿法。这一准则适用于所有品牌，无论你的预算是多少，一件基础单品配上新奇的配件就能打造出有个性、有存在感又有气场的造型。

个性化

这是另一种改造衣服的方式。就算你没有缝纫机，手也不太巧，也可以将"大批量生产"的纽扣换成从杂货店里淘来（或者从不再穿的旧衣服上拆下）的特色纽扣；给背心或外套缝上一枚徽章；给毛衣加上带刺绣的假领子；

〈自己动手做的〉个性化的镶上了宝石的 H&M 军装外套

多菲内·德热法尼翁（Dauphine de Jerphanion）身穿自己动手加工的军装外套，配 MySuelly 挎包

豹纹与蕾丝的美妙混
搭。阿涅丝·普勒自
己改造后的蕾丝裙很
有风格，又不失高雅。

选错眼镜，土气十足

无框眼镜让你看起来像是20年没出过门的土人！而那些"新颖"的眼镜框（天哪，镶着水钻的蝴蝶造型！哎哟，双层金属镜架！）没法搭配某些衣服：红色塑料镜架跟精致洋装格格不入，这种组合让人看起来像是从马戏团逃出来的女演员。当心那些非把你劝服不可的销售员。镶水钻的桃红色眼镜到时候可是你整天戴着，可不是说服你买下它的销售员。别着急，慢慢考虑。拍张照片，觉得不错再回头买。值得信任的眼镜店是那种橱窗里并不摆放时下最流行的品牌眼镜，而是摆放真正的眼镜制造世家的产品的店铺。要想不出错，就选择经典、没有花哨装饰且线条简洁明快的款式（比如Meima）。眼镜架也可以选择"古董货"，到跳蚤市场去淘，其实现在正流行复古玳瑁或仿电木的眼镜架呢。此外，有些眼镜店一直在推出经典款复刻版，比如Meyrowitz设计的曼哈顿（Manhattan）眼镜架。

廉价鞋绝对不可原谅！

廉价皮鞋一般会旧得很难看。如果有什么是不能将就的，必然是鞋子。公司人力资源主管面试时一定会注意两点：你的手指甲和你的鞋。如果鞋没擦亮、变形、鞋跟磨得一边高一边低、鞋面看得到脚趾形状（说明皮质差），你大概没什么机会被录取了。一双俗烂的浅口高跟鞋能让极高雅的洋装减到零分，而一双精巧的凉鞋能把牛仔裤也衬得有格调。就算你不是"爱鞋狂人"（有可能吗？），鞋子还是该多买一点儿，经常换换——除非你购置了越旧越好看又不过时的经典款。这个秘密也跟男性朋友们分享一下吧！

伊纳·奥兰普·梅卡达尔，zara红色洋装配印度带回的腰带，鞋子来自梅卡达尔古着店。

66 我挑选衣服的时候喜欢跟着感觉走，不关心标牌……只要我喜欢，我就会买下！

我对所谓的"必买单品"一点儿也不着迷。拿某些名牌或某些单品装腔，我从来都不会。从我初次听说著名的 Burberry 风衣到掏钱买，中间隔了 20 年。我完全不被所谓的"必不可少"的单品（那些每个人都想要的东西、想强加给消费者的东西）所诱惑。我喜欢改造我的衣服，剪裁、重新染色、添加细节、翻转……我还在旅行的时候买一些古着，自己翻新。美国的古着太棒了。我几个月前买了件啦啦队队长穿的外套，搭配直身及膝半裙，很漂亮！在我看来，女性通常不够大胆。尽管杂志和 T 台给了很多示范，她们还是不太敢打破陈规，年轻人也往往过于迎合潮流，并已经趋同。各种名流明星、小报和过去几年里特别热的"红毯秀文化"对她们造成了巨大影响。我希望事态不会发展到意大利的那个地步，贝卢斯科尼执政期间，"花瓶女"风行一时，席卷意大利电视界，导致意大利在 20 世纪 50～60 年代新现实主义电影中展现出的有无限魅力的女性形象消失殆尽。

我在奥布拉克（Aubrac，位于法国中部）的一个小村庄里遇到过一个让我"惊为天人"的女性，她的打扮酷似那些传奇女星。她穿着漂亮的丝质上衣、香奈儿风格的斜纹软呢半裙、鲁布托浅口高跟鞋，神态颇有些与众不同……她看起来既简约又美丽，造型现代又摩登，风格却很经典……总之非常有勇气！

人可以在着装方式上假装，但如果在为人处世或与人交往时并不优雅大方，那就不是真的优雅。优雅与做人方式和在生活中的行为是分不开的。 99

——阿涅丝·普勒
时尚编辑

身着 zara 蕾丝裙，巧妙
地将内衬剪短之后，让
人隐约看到大腿根部，
显得极为性感

Tara Jarmon 上衣、Mango 腰带、
Bershka 打底裤、Minelli 浅口
高跟鞋、Desigual 手拿包

必败无疑的细节

· 围巾上露出标签:

　　在地铁里，有多少次我们想拔出剪刀替对面的乘客剪下标签啊！

· 鞋底的标贴贴纸:

　　啊，你以为别人看不到?

· 透明塑料肩带:

　　羊绒毛衣的超大领口处不经意露出的肩带有一种慵懒美，而透明塑料肩带看起来超级低俗。

　　还有把屁股绷成"四瓣"的内裤和把后背勒出肥肉的胸罩。

· 衣服尺码过小或过大:

　　绷得太紧或者松垮垮的都不合适。

· 衣服的袖子和腰部起球:

　　让人看着抓狂。

　　杂货店出售小型电动去毛球器，可以挽救旧毛衣和旧大衣，给它们第二次生命。

· 卷边太短:

　　哎呀! 牛仔裤（或普通长裤）的卷边太短了!

访谈

贝特朗·比尔加拉（Bertrand Burgalat）
作曲家、歌手

时至今日，优雅是指什么？

优雅并不依赖于财富，而是依赖于魅力和智力。那些穿着打扮独树一帜又符合自己个性的人看着非常舒服。这与金钱和教养无关，而与一个人是否从众随俗有关。穿着是一种有趣的对抗社会不公的方式，也是一种反对眼下外表同一化潮流的方式。

追随潮流是不是获得风格的一种办法？

时尚潮流如今无处不在。20 世纪 80 年代以前，时尚并不"酷"，绝大部分人不关心时尚，那是个只属于富豪的世界。后来，有钱不再是那么难的事，有人就开始斗胆追求奢华。但是财富跟优雅一点儿不相干，并不是买名牌就能获得高雅品位。这太好了！可是数以百万计的大众不这么想，他们以为穿同一个牌子的衣服、听同样的音乐、住同样的酒店就是时尚潮人……今天时尚界的情况就跟 20 年前的音乐界一样：在市场营销的引导之下铺张浪费、贪得无厌。我们被要求服从所谓的"in 或 out（入流或不入流）"的绝对指令。跟随这一潮流即显示出自己的懒惰和盲从，说

明没有品位。我还鄙视那些花高价钱买名牌鞋却狠命剥削实习生的人。

强调个性是不是有出错的风险？

是，但我对着装"错误"很宽容。我喜欢有个性的打扮，只要不是花里胡哨。我最受不了的是那些又贵又丑的产品，比如 20 世纪 80 年代东欧服务生穿的那种笨重的鞋子！至少，在买奢侈品的时候，为了尊重那些付出过汗水的人，应该选一件好看的！与那些美其名曰"奢华的知识分子皮鞋"相比，我更喜欢那种努力突出个性但可惜出了点儿错的打扮。它们更让人感动。

随着时尚的日益大众化，你是否觉得女性的装扮更加雅致了？

她们越来越女性化，但穿着打扮过于盲从，也就失去了魅力。举"恨天高"为例：这种鞋并不典雅，很不适宜，女人却一窝蜂都穿，太没意思了。

怪玩意儿：
时尚之罪

它们名声不好，不过……

时尚时不时把我们吓一跳。潮流会向我们推荐一些叫人不知道说什么才好的单品，我们心想："我这辈子都不会穿这玩意儿的。"可是几个月之后，由于受杂志和橱窗潜移默化的影响，我们把"这玩意儿"穿上身或者穿上脚了。即使我们的眼睛看习惯了，这些单品仍然是相当难穿的。要有节制、有品位地穿！

多芬内·德热法尼翁身着
Falke 紧身裤，搭配 Givenchy 的 T
恤、Marni et Vauthier 长串项链和
马克·雅可布包包。

七分裤

NO: 款型巨大、麻质、松垮垮的，两边有口袋，甚至还有拉链，上面搭配一件 14 岁女孩穿的 T 恤，下面穿女式篮球鞋或尖头高跟船鞋……救命！

YES: 奥黛丽·赫本的穿法是可以接受的：贴身，流线型，七分、八分或是到小腿肚子的长度，朴实无华又高雅，搭配芭蕾伶娜鞋、精巧的皮编凉鞋或者露脚背的便鞋。

LEGGING

NO: 紧紧包住臀部，活像 20 世纪 80 年代流行的穿法。

YES: 不应该以它代替长裤，而应该用它取代连裤袜的位置，在不冷不热的季节，搭配半裙或者连衣裙来穿。你要承认，它更能表现纤细的小腿和优美的脚踝。

紧身裤

NO: 均码，含大量莱卡成分，穿起来屁股好像被压扁，"游泳圈"被挤出来，和迷你 T 恤、紧身无袖无领针织衫真是"绝配"……唉！

YES: 精致的贴身剪裁牛仔裤，材质为棉布、皮革或漆皮，有弹性，适合从早到晚各种场合。如果遇到一件号码合适的，它将成为你的万能基本款：它可以用来搭配宽宽大大的 T 恤、式样古典的丝质衬衫、芭蕾伶娜鞋或骑士靴。

百慕大短裤

NO: "海岛度假风穿到城里"的模样，搭配各种浅色 polo 衫和帆船鞋——又是帆船鞋，它具有强大的毁灭能力！

YES: 夏天，用磨洞的"男友风"牛仔短裤搭配高跟凉鞋，以免破坏小腿曲线。或者冬天，短裤稍微长一些，搭配粗花呢上衣，营造出一种男性化的感觉，再搭配羊毛袜、男式系带皮鞋或者低筒靴。这种打扮，如果你有点儿丰满，那你至少要有 1.65 米的身高才可以尝试。

这种摇滚风味，归功于 Religion 黑胶 Legging、Eva Zingoni 土耳其裙和瓦尼莎·布鲁诺鞋子。

漂亮的 Polder 彩色 Legging
和 Michel Vivien 凉鞋令马里
内（Marine）身上较为传
统的套装焕发出活力。

H&M斑马纹裤子搭配伊莎贝尔·马朗上装，内塔巴黎世家T恤，还有漫不经心地拖到地下的古董皮草！

动物印花

NO：穿腈纶等廉价面料；豹纹以及其他动物素材（爬行动物的花纹、斑马纹等）的图案不清晰；化很浓的眼妆和涂深棕色唇膏。

YES：穿戴小件物品（粗羊毛或者丝质的头巾、男式毡帽、芭蕾伶娜鞋、毛绒靴子、小手包）或者干脆穿一个主要的大件（毛皮上衣、印花风衣）。穿动物纹要穿得洒脱且有野性。

滑雪服

NO：在城里穿（太过分了！男人这样穿也不行）。

YES：在山里穿，在乡间穿。最好是穿一件朴实无华的基本款（不要有装饰，不要腰带、不要亮面、不要穿无袖的）。

牛仔靴

NO: 穿着牛仔裤、机车夹克，迈着牛仔的大步子，或者穿一条窄裙。

YES: 像玛丽莲·梦露在《乱点鸳鸯谱》里面那样穿：男友款牛仔裤卷到长靴上方，上面穿白衬衫。或者混搭一条花边连衣裙。

> 66 我喜欢牛仔靴，但它尤其不能配牛仔裤穿，因为那样太'牛仔'了。我会光脚穿我的牛仔靴，配上一条 H&M 荷叶边裙子，罩一件牛仔外套或者漂亮的赛琳皮夹克。99

——埃曼纽尔·赛涅
歌手、演员

长裙

NO: 长度在脚踝上方，搭配一双浅口高跟鞋（像个喜欢对别人指手画脚的女上司）。

YES: 古希腊罗马式的超长裙子，搭配脚踝系带皮鞋或平底夹趾凉鞋，再加上一件男式上衣。或者走时尚嬉皮风，像刚从伍德斯托克音乐节回来似的，穿着套鞋或木质厚底鞋。和大家一般认为的相反，长裙其实也很适合小个子女孩。

永远不要这样穿！

选择 UGG 靴子（像皮卡丘的脚）、其他雪地靴（简直等于在嘴边纹一圈文身），25 岁以后穿匡威鞋，选择鼓鼓囊囊的棉袄或羽绒服（像自我陶醉的猎人）、黑色聚酯纤维长裤、紧身天鹅绒瑜伽套装、超短 T 恤、棒球帽、卡通 T 恤、短筒袜搭配针织紧身短裤或秋裤、棒球衫、罗登厚呢大衣、长款滑雪服、有"滑稽印花"的领带、天鹅绒发圈，在泳池以外的地方用塑料夹子夹头发……

> **"** *最让我望而却步的是：唇线和假指甲。还有质量低劣的鞋跟。没有比廉价高跟鞋的鞋跟更糟的东西了！哦，倒也有的——T恤下面穿个有厚垫的胸罩！* **"**

——亚雅

亚雅，巴黎蒙马特街多品牌潮店 Yaya Store 创始人

康斯坦斯·拉贝
（Constance Labbé），
戏剧演员，穿着
Oppulence 长裙，搭
配 Americain Vintage
T恤。

活力四射的朱莉·博克内,
身穿伊莎贝尔·马朗上衣,
外罩一手羊毛外套,下身
是 zara 紧身牛仔裤和 André
编带凉鞋。不同图案混搭
得很有勇气,使这身搭配
颇具魅力。

访谈

让－克里斯托夫·埃罗
(Jean-Christophe Herault)
调香师

摄影：威廉·博卡尔代

虽然香水是被制造出来取悦所有人的，但是在香水的世界里，是否也存在一种特别的法国风格呢？

当然有啰！法国女人热爱檀香型香水，用它们来留下一道性感、充满女人味、精致、令人无法抗拒的香迹，比如说香奈尔的香水，倩碧（ Clinique ）的"芳香不老药（ Aromatics Elixir ）"香水，

娇兰（ Guerlain ）的"蝴蝶夫人（ Mitsouko ）"香水……另外，法国女人会有节制地使用香水，以免影响到他人。美国女人喜欢使用浓烈的香水，气味醉人，富有侵略性。德国女人最喜欢以香草味为基调的热烈有力的香水。而在日本，你几乎闻不到女人身上的香水味儿。

如果要你设计一款"法国制造"的香水，你会以谁为灵感呢？

我会想着玛丽昂·科蒂亚尔（ Marion Cotillard ），在我看来，她代表了法国美女。她散发出非常女性化的魅力，非常精致，同时又非常自然。那些讲究的美国女人，如果不做头发不做指甲就不能出门，而法国女人和她们不一样，法国女人讲究在细节上：两种和谐的颜色，一件精心挑选的首饰……

对你来说，香水可以和衣服一样反映出人的个性吗？

选择香水，你可以有更多的自由，规范更少，也更少受年龄的拘束。一个女人到了一定年纪，往往不再去年轻女孩买衣服的商店，但她可以和年轻女孩用一样的香水，比如原宿娃娃 Angel 这款香水，就受到不同年龄层次的人的喜爱。不管怎么说，对香水的选择确实反映了人的个性和倾向。一个性感的女人说不定喜爱的是清新淡雅的花香调，而不是醉人的香氛，叫别人大吃一惊。这证明了人性复杂，光凭外表不足以评价一个人的个性。

会有人用错香水，就像穿错衣服一样吗？

一般来说这种错误不会持续很长时间。一种香水喷到身上之后，如果和使用者的气味混合之后不协调，我们会说这香水"酸了"。你总会大致知道有种香气不适合你。虽说广告、香水瓶和品牌都会影响你的选择，但最好不要走进店里五分钟就做出决定。你应该花点儿时间在身上试一试，让香水尽情挥发，过一整天再说。香水虽然是看不见的，但其重要性比得上一件好衣服。

19世纪美国工人的职业装，受到马龙·白兰度（Marlon Brando）、地狱天使乐队和简·伯金的大力推荐，到如今始终占据着 T 台和街道。1975 年，当海莱娜·高尔顿-拉扎尔芙（Héléne Gordon-lazarff）创建 *ELLE* 杂志的时候，她禁止时尚编辑们穿牛仔裤去杂志社——不过那是很久以前的事了！如今，虽说有些办公室还是对牛仔裤敬而远之，但它已是全世界销量最大的单品。

一天
一件牛仔
从周一到周日

　　牛仔裤，就像男人：满大街都是，却鲜少有适合你的。你要是找到自己那一款，让你的臀型如梦想中一样漂亮的那一款，你就终身受用了。因为，和那些杂志宣传的相反，这世上压根儿就没有一款适合所有体型的牛仔裤。哪有那么轻而易举的事儿！选牛仔裤关乎体型和轮廓的问题。有个好消息，就是身材圆润也能穿牛仔裤。例如，1940 年，玛丽莲·梦露在电影里面就穿着 Levis 经典的 501 牛仔裤，而大尺码超模塔拉·琳恩，她是 48 号身材，穿着 7 号到 8 号的紧身牛仔裤和复古单鞋，也超级性感有型。问题只在于，人们常常没有穿好牛仔裤。然而牛仔裤和人的精神状态是息息相关的。它什么都能搭配，就是不能搭配你的漫不经心。它不喜欢你对它毫不在意。别给它配件破破烂烂的 T 恤，还是搭配些漂亮的单品吧：格子衬衫、吸烟装、丝绸罩衫、平底船鞋、平底系带皮鞋……

玛丽·古里（Marie
Counoy）穿着一件
Lee牌男式工装背
带裤，搭配Basique
的T恤和Autres
Trésors的手镯。

星期一
紧身牛仔裤

伊基·波普（Iggy Pop）式的牛仔裤（即包得很紧的款式）穿起来讲究是很多的：不能把臀部压扁，不能使你无法呼吸，不能暴露小肚子。有个细节也很重要：长度。要不就是像杰米·辛斯（Jamie Hince）穿的那种长度超长的，或者是有 20 世纪 60 年代风格的稍短的。别遵循"中庸之道"。

星期二
喇叭裤

从 2011 年夏季开始，模特们更喜欢把这种款式称为"flare"，和 20 世纪 70 年代黛安娜·基顿（Diane Keaton）和玛丽安娜·费思富尔（Marianne Faithfull）穿得一样。最近一段时间，夏洛特·甘斯布也穿上这种牛仔裤给 Gérard Darel 拍宣传照。喇叭裤能拉长腿型，使臀部显得丰满。如果你过于丰满，就选择喇叭口从膝盖处开始的款式。无论如何，要有很长很长的裤边：要几乎盖住鞋子，只露出鞋跟，配上有圆摆的短上衣，或者把衬衫束在裤子里。

星期三
男式牛仔裤

一旦找到个好男友，就把他的牛仔裤偷过来。穿起来有点儿大？你要的可不就是这个效果嘛。再顺便偷条大皮带，束得紧紧的，让腰显得更细。把你的 T 恤或者衬衫扎在裤子里，把裤脚卷起，再穿上尖头超高跟鞋。你绝不会看上去像"大口袋"，就算你确实有点儿胖，也不会显胖的。男友的牛仔裤会让"橘皮"和赘肉神奇地消失。如果你很适合"假小子"风格，就穿上 Derdy 皮鞋。

瓦莱丽·德奥特维尔（Valerie D'Hauteville），媒体主管，穿着漂亮的 Seven Rendu 牛仔裤，朴素的 Andrew Gn 上衣以及双色芭蕾伶娜平底鞋。

萨拉·尤斯蒂斯（Sarah Eustis），有地道法国范儿的美国女孩，穿着七八分牛仔裤、皮埃尔·哈迪平底鞋和伊莎贝尔·马朗罩衫。

普莉西拉穿着一条非常漂亮的伊莎贝尔·马朗红色牛仔裤，搭配鲁布托短靴、Heimstone 包包和跳蚤市场里买到的二手皮衣。

朱莉·博克内穿着一条水洗磨白牛仔裤，搭配瓦伦丁·戈捷白色上衣和旅行带回的美丽异国风情首饰。

白色牛仔裤

别总是把白色牛仔裤和海魂衫联系在一起，白色牛仔裤的用处大得多，而且特别适合在冬天穿：配灰色羊绒毛衣或是民族风长袍，莫卡辛鞋或长靴，或者搭配风衣。它什么都能搭配，无论你多么异想天开，无论你想要什么风格。只要不紧身（或太紧身），你无论什么年纪都可以穿它，而且穿起来必然显得更年轻！

特别的牛仔裤

牛仔裤并非只有蓝色或黑色，还有鲜红的、浅粉的、条纹的、漆布的、带铆钉的、带刺绣的、斑马纹的、涂鸦风格的……你当然可以不按常理出牌。不过别再搭配有亮片、镶水钻或有流苏的上衣了：你应该穿得有节制——又不是在拉斯韦加斯登台演出！

牛仔裤达人、巴黎时装潮店 Yaya store 创始人亚雅的建议：

"牛仔裤是一件会让你变得更美的单品。如果你想让腿显得更长，牛仔裤的作用比别的单品都大。重要的是你喜欢自己穿着某条牛仔裤的样子，就算它不是最适合你的也没关系。

可惜，没有放之四海而皆准的建议。当然，牛仔裤穿起来不能把屁股压扁，显得大腿很肥，或者紧紧裹着小腿肚子。臀部两个口袋之间的距离也很重要。距离多远最好？这也要看个人臀形。"

谁说"男友牛仔裤"
一定要配高跟鞋呢？

几乎能适应每一种体形的牛仔裤：
20 世纪 80 年代的 Levis 501。

小窍门：如果你想穿很多年，就不要买便宜的牛仔裤——便宜的牛仔裤款型无法长久保持。大批量生产制造的"纹理"，磨白的部位不对，都会显得廉价。最好选择一条全棉丹宁布质地、没有弹力（反面可看见纬纱）的牛仔裤。穿上去不能觉得紧，除非是紧身牛仔裤——紧身牛仔裤会变松，变大一码。如果布料还没有下过水，就要挑一条大两码的。

亚雅最喜欢的牛仔裤品牌：Levis 复刻版、Edvin、Circle 和 Denham。

星期六
牛仔衬衣

牛仔衬衣本该放进《不离不弃，时尚永继》那一章里，它可以让我们感觉舒适又有型。我们更喜欢混搭，即用牛仔衬衫来搭配经典单品。冬天，把扣子扣好，塞到铅笔裙或者花苞裙里穿，还可以搭配粗花呢、浅色细方格花呢的男式长裤或皮裤……而在夏天度假的行李箱里装一件牛仔衬衣，就可以搭配浪漫洋装或热裤。

星期天
牛仔外套

唯一的原则是：挑一件修身甚至稍紧的牛仔外套，把它当作性感有女人味儿的开衫，穿在外套和大衣里面。可以穿得更性感：贴身穿着，里面搭配蕾丝内衣，戴一条胸甲式项链，发髻微微松散……同理，牛仔背心也这样穿。

常见的五大错误：

装饰过多：猫须、水洗过度、铆钉、水钻……

裤子太长，就把裤脚往里卷：不如把裤脚往外卷，或者翻折成整齐的翻边，不然就照这样挽起来。

洗涤不当：应该翻过来洗涤，以免退色。水温30摄氏度为宜，可以加入白葡萄酒或醋来固色。

用烘干机：会损害纤维。

配细皮带：牛仔裤更适合牛仔式皮带和刚好能通过裤袢的宽皮带。

普丽西拉选择用休闲风牛仔外套和Heimstone包包来搭配精致的巴尔曼连衣裙。

访谈

奥迪勒·吉尔贝（Odile Gilbert）
发型师

摄影：彼得·林德伯格

是否存在一种"法式风格"，若有，你怎么去定义它？

有，毋庸置疑。对我来说，时尚风格与法式生活艺术、美酒美食文化以及一定的生活水平息息相关。我真的觉得无法将法式时尚和法兰西文化、教育分割开来。我曾经住在国外，通过外国人的眼睛，我意识到自己是多么的"法国"。在国外，身为法国女人这一点给我们增添了一层神秘的光环。在许多人眼里，巴黎啊，法国啊，是时髦、高雅和精致的象征。这当然要归功于时尚，但也要归功于整个法国令人向往的文化遗产。此外，法国人和意大利人一样拥有美的教育和对生活品质的热爱。每年的高级定制服装秀在巴黎举行，每个有野心的年轻设计师都梦想有朝一日设计出自己的高级定制服装系列，这一切并非偶然！这种"定制服装精神"就在每个法国女人的基因里，潜移默化。

你眼中典型的法国女人是什么样的？

注重个性，独立自主。穿衣风格有时很经典，但总有一点儿新意……她在打扮保养方面花的心思比美国女人少。美国女人真是太讲究了！而法国女人，在我看来，很有魅力，对待自己的外表比较随性。

美国女人是好莱坞式的光彩照人，非常有"红毯风格"。法国女人则很有个性，她注意保持形象，但同时也关注政治、厨艺和孩子等。喜爱时尚和华服并不会让她变得浅薄！这是她的修养和内涵的一部分。比起完美，她更致力于有魅力；比起吸引眼球，她更想要的是迷人。西蒙娜·德·波伏娃（Simone de Beauvoir）就是一位很美的女人，穿着无懈可击。朱丽叶·格雷科（Juliette Greco）投身于政治，形象高贵。那些没头脑的金发尤物是好莱坞创造出来的。我们法国则有热心政治的美人西蒙娜·西涅莱（Simone Signoret）。我觉得在国外的人对法国女人总是有一种迷思，看看电影《玫瑰人生》在全世界取得了多大成功就知道了！人们对法国女人总有这样一种旧式的印象，对这一形象想入非非。

你眼中完美的法国女人是谁?

我特别喜爱弗朗索瓦丝·多莱亚克(Francoise Dorleac),她对自己的美貌一丁点儿虚荣心都没有!她那么美,又幽默可爱,漫不经心。她的性感是藏而不露的。她有点儿害羞,这一点也很法国范儿;阿尔莱蒂(Arletty)——连阿拉亚(Alaia)也很钟爱她,真是个完美的法国女人,才思敏捷,优雅出众,擅长穿衣之道;伊纳·德拉弗雷桑热呢,她口才上佳,非常雅致,也是法国女人的代表;索菲娅·科波拉不是法国人,但她在我眼中也是理想的法国女人的代表。

这种法式优雅,到现在还是很令人憧憬吗?

那是当然的。人们真的很欢迎法国设计师,他们在美国、日本开了一家又一家店。有些品牌,比如爱马仕,真的已经成为了法式优雅的象征。爱马仕有历史,也有工艺精良的传统。当维多利亚·贝克汉姆(Victoria Beckham)或者 Lady Gaga 买下 Kelly 包的时候,她们心里很清楚,她们买的是品牌历史的一部分,是变得更优雅的一种象征,而不仅仅是一只包。也可以说,她们买的是时尚的尊崇感。美国女人买很多衣服,而我们总是习惯于保留几件好东西:一个好包、一件好大衣、一双漂亮的鞋子……我们才不怕穿出一件有 15 或者 20 个年头的 Alaïa 或者香奈尔来呢,因为我们知道它代表什么。

对于发型,你有什么要说的呢?

发型是件特别重要的事,正如一件衣服的剪裁,要避免线条生硬一刀切,要柔和流畅。发型师要花很长的时间去学习剪发的技术,这门技术相当难学。而剪发时得抛开技法,这样才能自如地发挥。人老了之后,别拼命扮年轻,而要往高雅、简约和别致的路子上走。

> 66 发型是件特别重要的事,正如一件衣服的剪裁。要避免线条生硬一刀切,要柔和流畅。 99

在美发这方面,有什么需要避免的呢?

不要同时染三种颜色,这太低级了。挑染坏了的头发像斑马纹一样难看。随着年龄增长,人们头发变白,那就应该选择一种较浅而又明亮的发色,这会让脸部显得有光彩。最后,我觉得,到了一定的年龄,白发真的很高雅。白色是一种无法仿造出来的颜色:要是想模仿,会把头发都弄断。

它比你的爱人更了解你，因为你什么都托付给它，还常常托付得过多。不能因为你什么都塞进去就随随便便地选择一个。时尚的营销会让你觉得有一个"你必须有"的包。虽说用不着听从"It Bag（不可缺少的包）"的宣传，但必须承认包对于整体造型是不可或缺的，它可以锦上添花，也可以毁掉一个造型。它跟鞋子一样能揭示主人的头脑和风格：二层皮制的包包、难看的假冒名牌包或仿货，都会让你跟时尚无缘。何

至爱的包包

我们有权对它不忠

况，现在有那么多才华横溢的年轻设计师推出的不少充满个性和意趣、较少模仿痕迹的原创包包，比如 Velvetine, TL180, Campomaggi, MySuelly, Yvonne Yvonne, Tila March, La Contrie, Jamin Puech 等，选错包包简直是不可原谅的啊。也别忘了妈妈和"西蒙娜姨妈"传下来的古董包，那皮质足以媲美现在市面上最好的货色。总之，省下钱来买一个好包并好好保养它，绝对是值得的。

安东尼娜·贝杜齐（Antonine Pedduzzi）
和路易莎·奥尔西尼（Luisa Orsini），
TL 180 的品牌创始人，挽着她们自己
设计的包包。

论一个好包包的重要性

（以及坏包包会带来的糟糕后果）

　　它会完善你的造型，无论你是身着休闲装（牛仔裤、上衣）还是正装（外套、窄裙）。

　　美女们请注意，包就像鞋子一样，即使是在缺乏时尚训练的人眼中，一只粗制滥造的包（难看的仿皮，马虎的镀金和手艺，走形的搭扣……）足以让你被直接归入"没品位一族"！你尽可去买那些高街品牌买漂亮衣服，但那些皮包你却最好丢开：如今的中等价位品牌用的皮革真是越来越差了，而且在每个街角都有撞包的风险。总归是要买包的，怎么办呢？那么，你可以在包上加手工印花，这样一来，流水线产品就变成独一无二的了。你还可以选择一个彩色、镶珠或者有民族风的布包。而那些全世界卖了上百万件、在公交车和地铁上随处可见的包，真的会让你的形象显得乏味。你能想象萨拉·杰西卡·帕克（Sarah Jessica Parker）——电视剧《欲望都市》里的凯利拿着一只这样的粗糙的仿货吗？她宁可挽着一只小小的柳条篮子，也不愿意拿着这样的大路货出门！有钱的话，她会买一个新锐设计师或者不那么出名的设计师的包包。

克莱尔·德朗穿着一
条随岁月流逝而褪色
的 Y3 牛仔裤，一双山
本耀司古董短靴，一
件 camel 紧身衣，一条
Véronique Leroy 围巾，还
有一件漂亮的 Jay Arh 经
典款大衣，包包是她
自己的设计作品 Claire
Dhelens pour le Tanneur。

再美的包，也不可能适合所有的场合。包包的效果超出你的想象，要是选错了，后果可是很严重哦。根据你的衣橱、季节和场合，你至少要配备三种不同类型的包。

用得越旧越好看。

这跟是否大牌无关，品质和标牌并不总是相符的，甚至有时和价格也不相符。一只耗费一个月月薪的 It Bag，并不能保障终生不坏，甚至用两个月就脱线了。而有一些专注于做包但不那么"潮"的品牌会制造高质量的包包（精美的做工、上佳的皮革），对品质从不松懈。这些包无惧岁月流逝（哪怕你都用烦了）。所以，花点儿时间好好挑选你的包吧！

It Bag 和"传奇包包"之间的区别

不是所有的 It-Bag 都能变成传奇包包的。传奇包包可不是几位受大众追捧的明星某一季心血来潮用一用的，而是一种无以名之的超越时间的东西，它超越了所有时尚。

传奇包包的特点是：越旧越美（这可不是随随便便能做到的），而且什么都可以搭配（太罕见了）。

传奇包包的象征：Kelly 包，1935 年问世，始终不过时；其姊妹包 Birkin，是 1984 年简·伯金自己设计的。最近则有瓦尼莎·布鲁诺的购物包——全世界每 30 分钟卖出一个，从 1990 年上市以来推出了各种材质和大小。让传奇包包无惧岁月的，是其简约和凝练的特质吗？

很美的古董鳄鱼皮包包

天然材质，纯手工缝制，水洗做旧的皮——意大利托斯卡纳地区生产的campomaggi包，像牛仔裤一样，越旧越美妙。

怎样保养你的包

如果你要把包收起来，先用吸尘器把里面清理干净：浮灰、灰尘团、孩子的零食碎屑、糖纸、公交车和电影院的票根……贵重的包要用丝质纸或者软布塞满，这样它就不会变形了。旅行的时候，如果你不希望包拿出来时走形得像一只没打气的沙滩排球，那你就得用袜子和羊毛衫把包塞满，使之保持圆滚滚的形状。在衣橱里，把包放进买来时品牌附赠的布袋子里。如果你没有，也不要把包放在塑料袋里，皮料上的毛孔不透气，皮子就会开裂。重新拿出来时要好好保养，用皮革专用乳液或乳霜擦拭。

Yaya Store 店里的
美丽民族风包包

Dame MySuelly 的
精美黄色手包

访谈

玛丽昂·拉兰纳 (Marion Lalanne)、
皮埃尔·亚历克西斯·埃尔梅 (Pierre Alexis Hermet)
IRM 设计室创始人

看起来还是那么优雅。这种不修边幅又简约的形象正是非常法国化的。可是呢，法国人也自有一套规矩。比方说，虽然破洞丝袜已被接受，法国女人一般还是不这么穿。法国女人也不会既露胸又露腿——那可不合适。法式时尚有一些既定的条条框框，限制我们的穿着打扮。

"French touch" 这个说法现在还有意义吗？

那些高街大众品牌的衣服铺天盖地，我们的眼睛都受不了了。可是说到底，没有人能逼着我们把这样的大众时尚生吞活剥下去。对我们来说，法式时尚的代表是我们的一些女性朋友：头发没有梳，有时也不太干净，但

你会觉得没法随心所欲地打扮自己吗？

如果我穿着多彩的衣服出门，街上的行人不会觉得有趣，而是觉得可笑。为了避免这种反应，大家都把自己套在黑白灰的模子里。确实，有的日子人很敏感，想安安静静的，就需要穿着不引人注目的衣服出来，这很容易！但是，自我感觉很好的时候，我就好好化个醒目的妆，也不怕穿上出格的衣服。要用点儿力"搏出位"嘛！

你眼中的法式优雅代言人是谁？

可能都会说是伊纳·德拉弗雷桑热，可是她真的有太多宣传和广告了，所以我们不想提她。再说我们才 22 岁，她对我们来说是上一代人。夏洛特·甘斯布是中性化的外表，她不总是打扮得漂漂亮亮，头发也常常不打理，却给我们很多灵感。黛安娜·克鲁格 (Diane Kruger) 既优雅又自然，她是德国人，有些外国女人比法国女人更能代表法式优雅。

> 对我们来说，法式时尚的代表是我们的一些女性朋友：头发没有梳，有时也不太干净，但看起来还是那么优雅。

你们的设计是否能够摆脱流行呢？

我们拒绝随大流，但是我们没法与时代的氛围完全脱离。比方说，在低裆裤流行的时候，你简直很难想象一条裤裆高些的裤子。我们也从不同年代人的身上汲取灵感。"简单长裤 +T 恤 + 外套"这种不退潮流的穿着方式对我们来说就很有启发。我们的设计总是从一件外套开始。我们俩觉得，这是衣橱里最重要的一件衣服。你很容易就能找到一件合身的外套，它不易落伍，是各种服装搭配的基础。

最让你望而却步的单品是什么？

对我来说，不存在。这要看你怎么穿。一条超低胸露背的裙子要是配上裤子和外套，说不定就能接受了。过了 50 岁，人就该把自己遮好，不要再穿迷你裙，不要再在海滩上穿比基尼。

你们的露指包的创意从何而来呢？

我们和许多女人的想法不一样，不喜欢带"行李箱"出门，把自己的全部家当就这么背来背去，太可笑了。再说，一个不合比例的包会把整体造型给毁掉的。宁可不带包出门。从自己的要求出发，我们设计了这款日间使用的手包。我们觉得它很轻便，走到哪儿都带着。

"法国制造"对你们来说意味着什么？

法国制造，既昂贵又困难。现在工厂越来越少，也没有厂愿意接小订单。而且许多工匠也都很谨慎，我们还不够有名，所以他们并不常接我们的单。真是非常麻烦。相反，中国人愿意工作，迅捷又不贵。不过我们还是坚持法国制造。年轻人也应该支持法国制造啊！在法国生产，购买法国货，用行动来支持。

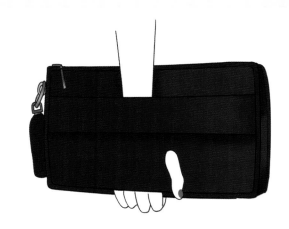

IRM Design 手包，非常聪明的设计，可以把手伸进去牢牢抓住。

小黑裙
它真的不可或缺吗？

据说小黑裙是每一个衣橱里的"百搭牌"，它声名卓著，传说适合所有的体型，适合所有的场合，永不过时……长期以来，小黑裙是保姆、门房和寡妇的穿着，可是1926年，香奈儿女士把小黑裙变成了巴黎式优雅的象征。所有杂志都跟我们说小黑裙是万能良药。理论上是如此，但实践起来就麻烦得多……

米歇尔·布尔穿着一条简
洁的 Aeschne 小黑裙，拎着
永不过时的爱马仕 Birkin 包。

让小黑裙生动起来

要是搭配得不好，这么精致、这么巴黎范儿的小黑裙，会被你穿成"追着灵车伤心欲绝的寡妇"或者"'一战'前的歌手"（不是你想象中伊迪丝·琵雅芙那种的）。你该让小黑裙亮起来，带上你个人的特色。配上漂亮的口红、优雅的妆容、精致的丝袜（千万别穿那种扯破了的透明丝袜），这样就达标了。鞋和包会定位你的小黑裙：是夜晚穿的还是白天穿的，是优雅的还是放松的，是传统的还是调皮的。

装饰你的小黑裙

穿同一条裙子时，光脚穿着平底的芭蕾伶娜鞋或者搭配高跟鞋和多串长项链，效果截然不同。

　　对于小黑裙来说，配饰不是用来跑龙套的，而是主角。黑色会衬托配饰，表现出烘云托月的效果。这一点你购买的时候就要想到。无论你是喜欢节制还是浮夸，是喜欢真宝石还是假宝石，都精心挑选吧！

注意：小黑裙上什么都看得到！小心不要有头发、灰尘、痕迹，别让小瑕疵毁掉你想要的效果。

或者，换条小红裙如何？

多菲内身着亚历山大（Alexandre Vauthier）小黑裙，身形优美。

玛丽莲·费尔茨（Marilyn Feltz）穿着古董小黑裙，外罩Véronique Leroy机车夹克，脚蹬鲁布托豹纹高跟单鞋。这一身真是令人赏心悦目！

小黑裙和 Burberry 风衣，
多经典的搭配！

索尼娅·莱津斯卡（Sonia
Lezinska），演员，穿着
Paule ka 小黑裙和短上
衣，Sergio Rossi 高跟鞋。

访谈

亚历山大·沃捷
时装设计师

摄影：让-巴蒂斯特·蒙迪诺

小黑裙是神话还是现实呢？

对于小黑裙，我们简直可以发表一篇演讲了。小黑裙是优雅典范之一。小黑裙配上白色、金色和黑色，就代表了巴黎。就算有时候小黑裙不在潮流尖端，它还是会卷土重来，因为它是如此平衡。黑色是制服色，可以藏起你想藏的，露出你想露的。黑色是保护色，不冒犯别人的眼球，让你与城市风景和夜色融为一体。小红裙则会表达另一种信息：红色是暴力、激情、地狱、爱情、性和血，是冰层之下的火！斗牛士用的也都是红布嘛。红色唇印更把它提升到了更加"时装"的层次。穿红裙的中产阶级女人比穿黑裙的看起来更为肉感，更有性诱惑力。

法国女人一直是时尚标杆吗？

我是个法国男人，我为法国女人设计服装。就算时尚一直在变，在人们的集体无意识中，法国女人总是优雅、漂亮、好品位的代名词。她们随性潇洒，有独特的都市格调。纽约的时尚更加传统，法国女人更大胆，尝试混搭，敢跟风格唱反调！所以 20 世纪 50 年代，迪奥的 New Look 系列在美国大获成功是有原因的：这个系列展示的是最传统的女性形象，是紧身胸衣和裙子的回归。在如今这个越来越同质化的世界，人们更渴望确立自己的身份，渴望用法式精神和法式品位来标榜自己：露天咖啡座、生活艺术、法式生活的精髓。法国有出产香水、珠宝、鹅肝、香槟和葡萄酒的悠久传统。我们依靠传统，根植于传统，有这个 DNA。蒙田大道是全世界时装业的象征，这可是一条巴黎的街道啊！法国女人就像巴黎一样：很美，也可以很俗！她爱玩味这种精妙的平衡，她又调皮又优雅。她有幽默感，懂得打破陈规，懂得"拗造型"，所以小黑裙诞生自法国是自然而然的：从一块布上诞生一个造型——一条永不过时的裙子，白天和夜晚都可以穿着。它成了某种现代性的象征。你可以穿得隆重，也可以穿得朴实无华。人要和自己的产品保持一致。我认为我的设计根系在法国：那些买我的服装的女人，瑞芭娜、碧昂斯、艾丽西亚·凯丝以及其他女人，都是为了这种法式的造型而来。

服装是用来隐藏自我的，还是表达自我？

每个女人都为了不一样的理由穿衣服。有人穿衣是为了吸引别人，有人穿衣是为了使自己更强大。服装能够表达和突出某种风格。服装是一种语言，甚至是一种穿着者特有的表达方式。我给了女人们表达自我的工具。我的裙子是用来表达自我的，女人们不该在设计师的作品后面抹杀自己的个性。

你觉得今日的时尚是怎样的？

我觉得我们的时代迷失了。如今人们忘记了根本，时尚变成了一种商业模式。人们的购买行为也完全改变了。很多大品牌的所谓奢侈品已经成了庸众的奢侈品。服装成了一种被推销的商品，营销毫无创造细胞，这就像建一间没有墙的屋子一样。

你在法国制造产品吗？

是的，法国是我的故乡，"法国制造"让一件奢侈品具有生命力。购买"法国制造"的产品就等于购买一个

形象、一段历史，一种身份。买一件限量版衣服和买一件生产了 400 万件的衣服可不是一回事。如今大家总在烦恼，觉得到处都跟别人一个样。从前，人们夏天穿短款，穿蓝色；冬天穿长款，穿栗色。现在呢，穿什么都行，所有人穿一样的东西，这是市场营销的结果。看看美食界吧，电视节目把那些所谓的"大厨"推到台前，这可以说是 20 年来垃圾食品泛滥

的结果；时尚界也是一回事。20 世纪 60 年代，成衣业的出现打破了奢侈品和时装的模式。但现在已经达到了饱和状态，新事物快要出现了。人们被引导去追随潮流，消费者是易受影响的，但一些女性已经意识到自己被操控，

从此将有一种新的消费方式。人们想要一些更特别的东西，想要找回自我，不想淹没在大众之中。现在是一个过渡阶段，我不知道将来如何，但无疑有些事情正在发生！

你想给女人什么建议吗？

要有好奇心，要重视你购买的衣服和物件的品质，因为你将要和它们一起生活！要分得清好的做工和蹩脚做工。这就像建房子：你

是要坚固的地基还是一碰就坏的石膏板？要是穿戴着什么古里古怪的东西去一个宴会，人家 10 年以后还会笑话你！所以你需要品质好的东西。

> 服装是一种语言，甚至是一种穿着者特有的表达方式。

欢迎
来到中产世界

从勒凯努瓦夫人到
《白日美人》

这是新中产阶级的方式：既尊重传统，又不拘泥于此；既不过时，也不无趣。从前，一个中产阶级女性衣橱里自然不乏美妙的单品，但可能因为循规蹈矩的穿法而毫无光彩。僵化老一套的搭配会让造型黯淡。所以需要些旁门左道，需要恰到好处地搭配和穿着。是的，这些资产阶级的单品还真是有魅力，可以性感无匹：这就是为什么摄影师赫尔穆特·牛顿（Helmut Newton）、导演克洛德·沙布罗尔（Claude Chabrol）以及 2011~2012 年的时装都释放出中产阶级的性感魅力的原因。

莱丽·德奥特维尔穿着白衬衫和黑裤子，造型极简，又极其优雅。

补习课

镶钻或镶珍珠耳环（无论真假） 如果它们是古董货，而不是"假得很老实"的珍珠或者廉价小礼品般的镀金小玩意儿，那还是很迷人的，尤其是表现那种"20 世纪 50 年代美国资产阶级风格"的话。不过，拿祖传耳环搭配牛仔裤和精致的发型就不太妙了。

天鹅绒发圈 简直没法为它找一个借口。太难看了，难看到无法忽视。别再用了。

开衩西装裙 如果裙边在膝盖以上很远的地方，别人的视线就会聚焦在膝盖这个往往滚圆、很少足够漂亮的地方。香奈儿女士认为女人永远不该露出膝盖，倒也不是全无理由的。这种长度会破坏廓形。最好的长度是刚好在膝盖上。

有系带、臀部有大口袋的七分裤 如果你是在高山远足的话，你可以把它放在背包里；如果是在城里，那就最好别穿了。这种裤子有它展现自己的时机：在一次远足中、在别人根本不在意你屁股大又爱扮嫩时。如果你真的喜欢有口袋的"运动裤"，那就去买条真正的军裤或者画家裤，配凉鞋和芭蕾伶娜鞋穿。

开口不好看的船鞋和芭蕾伶娜鞋 这种鞋子要是开口太小、把脚背遮住太多的话，看起来好像腿被截断一样，造型会显得又老又土。而且遮太多的往往是"老奶奶款"。

太短的阔腿裤 如果你的阔腿裤买来是搭配平底鞋的，你就不能拿来搭配高跟鞋了。只有窄腿裤和下面束口的裤子才能既搭配平跟鞋又搭配高跟鞋。如果你打算穿阔腿裤搭配高跟鞋，请把裤边卷到脚踝上方，这样会显得真正有格调。

水彩色短裤以及所有巨大的百慕大短裤 这两种丑陋的玩意儿既破坏轮廓又破坏你的名声。你真的觉得像米里埃尔·罗宾（Muriel Robin）在电影《时空急转弯》里面的造型挺好吗？

Hairdesign Access 的发夹使平凡的马尾变得优雅。

多菲内重叠佩戴珠
宝，使这件本来是乖
乖女风格的伊莎贝
尔·马朗外套显得大
胆别致。珠宝品牌
是亚历山大·沃捷、
Rapia et Bossa 和 *Marni*。

普罗旺斯棉纱裙 夏天，在法国南方穿着，是相当美妙的。

夹棉上衣 秋天，在法国北部的索洛涅（Sologne）地区穿着，再牵两条黑色的拉布拉多犬，再好不过了。它非常保暖！参加格拉斯顿伯里（Glastonbury）音乐节时也是必备单品，搭配泥泞的雨靴、毛边牛仔超短热裤，再挎着一个帅气的摇滚歌手。

Polo衫 这是预科生和大学生的象征，年轻男孩穿polo衫配卷边裤，女孩则配百褶裙、运动休闲西装和Derby系带皮鞋。还是把这身装扮留给年轻男孩女孩吧。Polo衫的近亲polo裙，则是费雷海角等度假胜地的必备单品。

金色莫卡辛鞋 如果是正版的，那就可以穿。另外，不要规规矩矩地穿，要随便拖着，不当回事，就像一个漫不经心的超模从比安卡·贾格尔（Bianca Jegger）（滚石主唱米克·贾格尔的前妻，20世纪70年代时尚偶像。——译者注）的阁楼里找出来的一样。

帆船鞋 把它们和彩色短裤凑成一套，锁上门，把钥匙扔了吧！如果你特别喜欢，那就穿大牌的（Tods、Gucci等），光着脚穿。或者选择莫卡辛鞋和草编底帆布系带鞋。当然了，要是一个人真的有时尚直觉，那她总是能玩转这些单品的。凯特·莫斯要是穿了，准会让我们都想穿的！再考虑一下发型：难看的发型可不行。最好是舞蹈演员般的发髻或稍乱的香蕉髻，又或者是珍·茜宝（Jean Seberg）那样的帅气短发。

鞋跟嵌宝石的 Dolce&Gabbana 皮鞋。

短裙配 Prada 皮鞋，
再加上非常男性化
的套装，手腕上戴
一只男表，很讨人
喜欢。

鲁布托浅口高跟鞋

进阶课程

羊绒 V 领衫和开衫 要想穿得性感，就像圣日耳曼德雷区的贵妇们一样贴身穿吧。

珍珠项链 用多层珍珠项链搭配男装外套（就像香奈儿女士首创的那样）。

海军蓝的运动休闲西装 像玛琳·黛德丽（Marlene Dietriche）般搭配男式衬衫和领带，或者搭配一条大大的牛仔短裤。可以用一条粗犷的皮带扎腰，赋予它一种野性色彩。

巴伯尔（Barbour）防水外套 不要搭配短裤，而要用一条皮质紧身裤和大大的靴子营造乡村摇滚风格。

美式莫卡辛鞋 光脚穿，搭配很短的奇诺裤，或者穿好看的短袜。

丝质飘带衬衫 像黛安娜·克鲁格一样搭配喇叭牛仔裤穿。

Liberty 印花图案衬衫 参考米格·贾格尔在 20 世纪 70 年代的那种穿法，搭配彩色紧身裤或者条纹紧身裤。或者像瓦莱丽·勒梅西埃那样穿，她热爱各种各样的印花图案衬衫。

玛丽-洛尔·梅卡达
尔（Marie-Laure Mercadal），
梅卡达尔工作室的创
立者，穿着印花图案
衬衫。她请人做了很
多件，只搭配奇诺裤
和牛仔裤穿。

帕特里夏·谢兰穿着一件极有
型的（No）Smoking collection 黑色
大衣，巧妙搭配一双 Chie Mihara
娃娃款高跟鞋，一个 Velvetine 红
色挎包和一条 Sandrine de Montard
项链。

我们的时装偶像： 杰基·肯尼迪，贝蒂·卡特鲁，弗朗索瓦丝·萨冈，斯戴芬·奥德朗，弗朗索瓦丝·法比安，法妮·阿尔登，伊纳·德拉弗雷桑热，瓦莱丽·勒梅西埃，瓦内莎·斯沃德，安娜·穆格莱莉。

人们总是非常在意大件单品、发型和妆容，却忘了一些小细节会破坏整体的平衡。

注意！

奶奶辈的丝袜 丝袜既不能破洞，也不能勾丝，必须是刚刚从盒子里取出时的样子。要是穿肉色的，原则是：必须看不见。要让别人觉得你是光腿的，否则就显得老气了。或者呢，要是你喜欢微微发光的丝袜，你可以参考凯瑟琳·德纳芙在《白日美人》中的造型，也就是说，像美剧《广告狂人》一样，配一双单鞋、一条20世纪60年代风格的小裙子。要是穿双肉色丝袜，配一条到膝盖的直筒裙，你看上去活脱脱就是个饭店迎宾小姐了。配一条牛仔短裤和一双靴子也挺俗的。要是配滑雪衫和雪地靴，时尚界就要当你是个犯人了。要是穿丝袜搭配露脚趾的凉鞋，熟人在路上遇到你都要装看不见。必须要穿丝袜的情况下，请挑一双和你肤色接近的，尤其不要有虹光。至于黑色透明丝袜，我们建议你在三种情形下穿：你是修女，你穿着凉鞋；你是科特妮·洛芙（美国摇滚歌手。——译者注）的表妹，你把丝袜撕破了穿；你是小学校长，再过几个月就退休了。我们可以接受的穿法是蒂塔·万提斯这种的，以非常女性化的方式来穿。

加厚绒丝袜——这玩意儿现在还有吗？

不合时宜的首饰 有些东西就像是你家进门处没个像样的灯罩，只挂着光秃秃一只灯泡，你自己完全习惯了，不会再注意到，可别人一眼就看到了。刻着名字的小圆牌，孩子出生的纪念品，都拴在一根小细绳上；星座链坠；玛特阿姨的过时戒指；廉价的"设计师款"塑料手镯；企业纪念手表……抛开它们吧！它们以超高速降低你的品位。

访谈

多菲内·德热法尼翁
巴黎好商佳（Le Bon Marché）百货公司
女性及美妆产品部配饰造型师

在你看来，谁能代表"法式风格"？

有许多人，有些不一定出生在法国，比如露露·德拉法莱斯（Loulou de la Falaise），贝蒂·卡特鲁（Betty Catrouxet），以及最近的奥林匹娅·勒唐。她们这些女人都有一种永不过时的东西，这东西在其他的大都市都不存在。那些圣日耳曼大街上的美女，

无论是20世纪60年代法国电影里的还是宫廷时期的，到如今还在启发着我们的灵感。在时尚之外，还有生活态度、肢体语言：美丽而不浮夸的碧姬·芭铎，穿着毛皮大衣和芭蕾伶娜鞋走下飞机……弗朗索瓦丝·多莱亚克的声音、电影《洛拉》里阿努克·艾梅（Anrock Aimée）的紧身裙、让娜·莫罗（Jeanne Moreau）的胆色，朱丽叶·格雷科的能量，格蕾丝·琼丝（Grace Jones）的强势，玛丽莎·贝伦森（Marisa Berenson）的优雅……这些自由的、极为女性化的女人就是法国风格的旗帜。她们永远不会过时。

她们永不过时，正如"风衣、爱马仕方巾、条纹衫和Repetto芭蕾伶娜鞋"的经典造型……

是的，因为简洁的优雅比那些亮闪闪的东西更吸引我们。比起潮流，我们更看重精湛技艺。我们从小耳濡目染，对定制时装和好品质有所了解。早在复古风潮兴起之前，法国女人就很喜欢在祖母和妈妈的衣柜里和阁楼上找好东西了……我们有让老古董搭配现在的单品而大放光彩的天赋。这是伊莎贝尔·马朗大获成功的原因之一：这个牌子的衣服可以一直穿，也没什么时代特征。美的东西永远都美。让人优雅起来的不是名牌，而是单品和人们穿着单品的方式。

优雅可以学得来吗？

首先是要收拾自己，要干干净净的，皮肤要好好做清洁工作，涂上指甲油，不要化妆化得过火……接着是要学会认识自己。要是你一味抄袭别人的创意，复制别人的风格，变得完全不像你自己，那可就不妙了。必须

真诚地面对自己。一定要有信心。你会犯错误,会失败……都没关系。要找准自己的风格,总得度过一些小难关嘛。

找准风格之后,就不会缺乏品位了吗?

我不想再说"少就是多"的道理,不过,要是你心里拿不准,那就不要做得过火。比方说,不会用颜色而乱搭配就很冒险。这就像太高的鞋跟和鞋子足弓做得不好,会让人无法走路一样。我也不赞成头发染得五颜六色,不喜欢颜色不搭的彩色丝袜,不能容忍既不紧身又不宽松、爱起静电、让赘肉现形的毛衣。另外,低胸短裙搭配高跟鞋,基本上别想显得优雅……

这正是小黑裙成功的原因!

小黑裙避免着装灾难,尤其是心情沮丧的日子里……如果你被男朋友甩了或在办公室碰上麻烦,它可是很棒的药贴。不过请注意,小黑裙和小黑裙可是不一样的!一定要根据体型精心选择,不能太紧身,不能太短,

不能太暴露……

另外,别把小黑裙变成一件"制服"。让快乐多些变化!别忘了搭配和诠释。如果你不打算穿得像个寡妇,就要化妆、做发型、穿着漂亮的鞋子、戴上饰物。今天你穿彩色丝袜来搭配它,明天呢你配上机车夹克。小黑裙确实有价值,所以需要你花点儿心思!

人应该从多大岁数起谨慎地对待时尚呢?

只要学会了打理自己,找到了自己的风格,就差不多可以随心所欲了。当然了,那种虹光蓝眼影,过了15岁的话,还是省省吧!还有那种舞蹈演员用的护腿套,尤其是套在粗壮的腿肚子上的。要避免夸张可笑的东西,认识自己,坦诚面对自己的个性。

衣橱里哪些单品是不可或缺的呢?

那些不会过时的、你常常穿着、穿得又很高兴的单品:

一个漂亮的包,不一定非要是 It Bag,要舒服,不要太重,链条背起来不滑,设计合理……

平底靴;

鞋跟不太高也不是太低的浅口高跟鞋;

> **❝** 只要学会了打理自己,找到了自己的风格,就差不多可以随心所欲了。**❞**

丝绸方巾;

大大小小的圆圈耳环;

风衣;

碧姬 · 芭铎风格的 Repetto 芭蕾伶娜鞋;

Diane Von Furstenberg 的裹身裙;

还有大量的小配饰,它们有让你的衣橱变得崭新、时髦、有意思的魔力……没有了这些,衣橱就不好玩了。

在衣橱里寻宝

到别人的衣橱里寻宝

我们总是有兴趣在男人的衣橱里寻宝。以前这显得很叛逆，现在就不算什么了。衣橱不再有既定界限，至少界限有些变化，你可以到处去翻找，青少年、职场人士、运动员或军人的衣橱……选择面非常宽。到别人的衣橱找衣穿能让你有所不同：要运用想象力来借衣服。这些衣服不是我们在商店里寻常展示的，没有参照，每个人都要创造自己的方式来使之发扬光大。现在来说说我们感兴趣的一些单品。

首光是一顶男帽，
淘自 New York Hat Co.

祖父的衣橱

在母亲和祖母的壁橱里能找到的宝贝太多了——唾手可得的古着。在大规模生产开始前，产品的质地和做工往往远胜于今日。当然啦，也需要长辈慷慨大方，而且你得喜欢他们的衣橱！

飘带衬衫

这种衬衫最近又开始走红，其拥趸并不喜欢以"第五共和国总统夫人"的方式穿着，而是配上粗犷的牛仔裤和小皮衣，无论衬衫是否是低领。她们很懂得这件永不过时的单品的性感魅力。

大衣

我们都梦想有一件20世纪六七十年代的印花大衣：剪裁优美，七分袖，精美的树脂纽扣，还有小圆领。要看看是否合身：太垮的肩膀和太长的折边会降低档次。此外，这大衣也得找个好裁缝修改。当年的外套也很值得一淘哦。

包

我们都认识一些幸运儿，她们从优雅又慷慨的祖母和母亲那里借来大牌

著名的chruch's牌铆钉皮鞋

提包和手袋。就算你没有这样幸运，也别和那些好东西赌气：20世纪60年代的鳄鱼皮和普通皮革包包，因古旧而泛起特别的光泽；或者70年代的人造革包包，波普印花显得很欢乐。

瞧这个"小偷"！
Gap 男装长裤配
Repetto 舞鞋。

围巾

　　旧货店里围巾满坑满谷，但你可别在涤纶仿款围巾面前昏了头。请注意小方块丝巾，它能让工装上衣生动起来；或是印花大方巾，你可以像缠头巾一样随意裹在颈间。

　　我们还喜欢：20 世纪 70 年代有点儿俗艳的腰带，伦敦的扭摆舞 Liberty 印花图案衬衫，80 年代的漂亮浅口高跟鞋……

男人的衣橱

你再喜欢男孩的衣橱，也不必像比安卡·贾格尔一样去萨维尔街找最好的裁缝定做西服。只要你的男人没有橄榄球运动员的宽阔外形，你就可以把手伸向他衣橱了。什么都能拿的嘛。

西装背心

　　这是著名的男式三件套西装中的一件。玛琳·黛德丽就像男人一样穿着西装背心，抽一支雪茄。在电影《安妮·霍尔》（*Annie Hall*）里面，戴安娜·基顿又一次穿上了它。这几年来，凯特·莫斯重又把它推上摇滚潮流的巅峰。好好搭配吧：西装背心里面穿一件格子衬衫或者花衬衫，下穿一条男式裤子；或者在夏天，直接穿在晒成小麦色的裸露的肌肤外面；或者配一条浪漫的裙子；或者配一条窄腿裤，一件 T 恤或一件精致的羊毛衫……西装背心几乎适应各种场合。从你男友身上扒一件吧。或者在旧货店花 5 欧元买一件。

牛仔短裤

　　穿男式牛仔短裤的原因，是因为它是 XL 号（除非是个身材超棒的年轻辣妹，否则一般人很难把紧身牛仔短裤穿得好看）。

辛迪·桑恩（Cindy Semhoun），
插画师，博客 "Mlle Moun's"
作者，穿着 zara 的男装上
衣，混搭浪漫长裙。

男友风牛仔短裤适合所有人，就算你胖一点儿也无所谓。冬天可以穿上羊毛连裤袜、粗花呢外套和 Derby 皮鞋、高跟靴或者骑士靴（比尖头长靴更合适）；夏天呢，配一件民族风罩衫或一件男式衬衫（比紧身吊带衫要好），再配上圣托佩凉鞋或者迷你唐卡鞋。可以穿洗旧、磨毛边、磨洞的牛仔短裤吗？当然可以啦。只是不要在上面添加什么花样。这时，挽着文森特·立本（Vincent Biolay）比挽安立奎·伊格莱希亚斯（Enrique Iglesias）更好！

V 领羊毛衫

就像 20 世纪 80 年代 ELLE 杂志丰满的超模罗斯玛丽·马克格罗塔（Rose-Marie Mc Grota）一样，如今我们依旧喜欢又长又大的 V 领羊毛衫搭配紧身牛仔裤和单鞋，或者搭配一条皮质 legging。也可以用腰带束起，比如内搭一条铅笔裙的时候。也可以把羊毛衫束在裙子里面。

领带

我们喜欢像使用丝巾一样使用领带：穿一件纽扣全扣好的衬衫，把领带打两个结，然后塞到衬衣里面。像弗雷德·阿斯泰尔（Fred Astaire）（20 世纪四五十年代好莱坞著名歌舞片明星。——译者注）一样用作腰带也很美。从旧货店买一条或者从祖父的衣橱找一条，这比从你姐夫那里借一条印着巴特·辛普森的卡通形象的更好。

还可以拿：白衬衫、格子衬衫、牛仔裤、睡衣、奇诺裤、系带皮鞋和系带短靴（如果你穿 39 码或以上）……我们什么都可以抢。

露易丝·阿雅
（Louise Hayat），
大学生，从祖
母那儿借来一
条香奈尔长裙
和一个迪奥的
包，从弟弟那
儿借来一件学
生制服外套

外套

外套稍微大一点儿也没有关系（但总不能大得像野营帐篷吧）：我们喜欢把外套穿出波西米亚风——敞开，内搭纯棉或真丝薄纱的飘逸裙子。若是比较修身的外套，会让欧根纱裙子更有力量，让牛仔裤更有活力。如果你觉得外套让造型显得沉重了些，不妨用一根皮绳或一条男式皮带束腰。

领带让一条略显
沉闷的传统的黑
色长裤更有风格

谁敢用马丁靴塔配 Orla kiely 欧
根纱丝质半裙？

青少年的衣橱

这难度更大：这是走在"老女孩"类型的边缘了。我们要小心，千万别真和十几岁的孩子一样穿。不然就和那些化着大浓妆、穿着高跟鞋、竭力模仿成年人的选美小女孩一样悲催了。

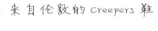

来自伦敦的 Creepers 鞋

连帽衫

不要搭配牛仔裤，而是要穿在外套或者风衣里面（别忘了：要保持女人的穿法）。

牛仔裙

千万别搭配丝袜、浅口高跟鞋或短靴。只能在夏天穿。搭配无领背心或土耳其袍、平底凉鞋。

图案 T 恤

不要搭配磨洞毛边牛仔裤和铆钉靴。要搭配一件优雅的外套或一件好皮衣，或是一条朴素的牛仔裤。千万别穿一件桃红色的"白痴图案 T 恤"（上面有印有米奇、Hello Kitty、超人，还有水钻）。

彼得潘领

2011 年冬天和 2012 年春天颇为流行。到 2012 年底还流行吗？这可不好说。总之，我们喜欢的是一种非常奢华的精致的版本（就像其发明者的一样），而不是动画片中女主人公的样子。

马丁靴

　　许多年轻女人（有些不一定那么年轻）喜欢这种原本是英国工人鞋，到20世纪70年代被英国庞克重新翻出来的靴子。我们的建议是不要配一身黑，而要稍微女性化一些。对于Creepers鞋，也是同样的建议。

运动鞋

　　搭配紧身皮裤和漂亮的紧身裤穿就很美，搭配过于运动风和过于花哨的裤子穿就很怪异，好像一个身价亿万的足球运动员刚刚训练完毕。

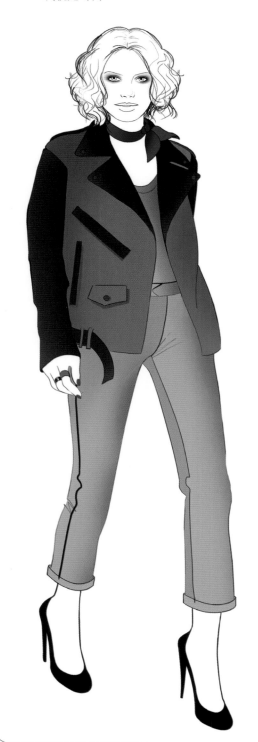

职业人士的衣橱

最需要注意的是不要太新，而要有用旧、磨光的面貌。可以个性化改造，重新染色，系腰带。一句话，不能保持原样穿着。

职业裤装

"我要粉刷匠的白裤子，我要渔夫的蓝裤子，我要肉店老板的格子裤，还有救火队员的连身裤"——1975 年 *ELLE* 杂志上刊登了编辑妮科尔·格拉塞（Nicole Grasset）推出的一个系列，就是这样子的。这些裤子便宜、坚固耐穿、永不过时。你可以在职业装商店里买到，在网上买，价格不过十几欧元。这些裤子宽大，无论是干净的还是有污渍的或涂鸦的，把裤边卷起来，都很适合搭配高跟凉鞋和 Derby 皮鞋。修身园丁裤也非常好看。

骑士的世界

短裤、外套、长靴、短靴、手套……骑马装都很好看。只是，别一下子都穿在身上。

白加白：粉刷匠的
裤子和BA&SH毛衣。

真正的军裤，搭配
香奈尔紧身胸衣，
和索尼娅·里基尔
高跟短靴。

舞蹈班学生的制服

吊带交叉的小背心、无跟袜、连裤紧身衣、芭蕾伶娜鞋、探戈鞋、在家练习时穿的护腿、可以用来搭配机车服的网纱裙……啊，都想要！但是我们拒绝足球运动员的缎面短裤、橄榄球 polo 衫、网球袜……至于护士装和女仆装嘛，那是在某些特定场合使用的。

军装

我们都已经很熟悉厚呢子短大衣、条纹衫和卡其色军装外套了。同理，我们还可以借其他的单品：渔夫背带裤、

飞行员的连裤装、卡其衬衫、腰带、帆布半筒靴……所有这些你都可以尽兴搭配，只需要注意两点：一是不要穿全套，作"全副武装"；二是要穿出你的个性！不过可别把你内心的纯爷们儿特点都展示出来！

> **66** 对于'衣橱小偷'来说，没什么是不可以的。穿着需要的是对比。如果你觉得太讲究了，就加一件运动型单品。相反，若是穿得太随意了，就加一件男式外套。**99**
>
> ——亚雅

访谈

西尔维娅·莫塔（Silvia Motta）
意大利时尚杂志 *Grazzia* 主编

你觉得现在我们还能说什么"法式风格"、"法国气派"吗？

当然了，虽说现在全世界女人想要的东西都差不多，但还是有一些感觉只能在巴黎找到。这种自然而然的优雅是法国女人的 DNA 里的。法国曾经是时尚的同义词！很长一段时间里，全世界的上流社会人士都在巴黎买衣服。巴黎就是时尚的象征。法国女人就是享有这样一份遗产、一种格调和女性气质的传承。法国女人还有一份每周更新的时尚圣经，这就是 *ELLE* 法文版，这是第一份时尚杂志，传达了各种不同风格，独特、迷人、优美、优雅、不俗。

ELLE 向女人们传达了一种新的时尚观念：我们可以用一件男式衬衫显出女人味儿，还可以用男式长裤搭配高跟鞋。我们有权走出规则的桎梏。

碧姬·芭铎是这场时尚革命（也是法国社会）的偶像之一。从她以后，法国女性的形象也变得更加现代了：曲线不明显，有点儿中性，但同时又很有女人味儿。有点儿野，不大化妆，脸庞精致迷人、温柔雅致，给人一种更自由奔放的印象。碧姬·芭铎的风格永存！

巴黎长期以来都是时尚之都，现在还是如此吗？

我得说巴黎颇受意大利时尚的影响（反之亦然）。好莱坞的电影和造星体系对于扩大法国高级时装的影响起了很大作用，而美国设计师大大发展了街头风格的成衣业。伦敦的设计师极富想象力！时尚已经国际化了。到处都有时装周！但巴黎始终是大设计师的出产地。如果说今天的法国女人不像从前那样独领风骚了，那是因为时尚已经真正全球化了，文化在杂交。一条裙子你可以在全世界买到。所以，要定义真正的法国女人的风格也很难！也许还是该说是一种优雅吧……

20 世纪 80 年代我去中国旅行，在北京，我看到女人们穿着严肃的中山装、孩子们穿着中国传统服装，真是美极了。那些美妙的色彩显示出优雅和谐，而现在都消失了：他们现在和欧洲人穿得没两样！我也喜欢印度人的纱丽以及一些日本年轻人的夸张的穿着。

时尚总是和时代有关吗?

是的,时尚无疑是社会的忠实反映。现在整齐划一,所有人都穿着同样的东西。1960年经济高速增长之前,人们一年买两三次衣服,小心保管,好好维护。如今,人们买上千件衣服,衣橱里却未必有真正适合的那一件!

什么都太多了。太多的商品。商家灌输观念,让人们觉得奢侈品是人人触手可及的——而这恰恰是"奢侈"的反义词。商家说服女人们,拥有了奢侈品她们就会幸福,还叫她们相信,要是没能拥有某个包或者某双鞋,就是个可怜虫了!奢侈变成了一种假象!这种人人可以拥有的奢侈颇能让商家赚钱,制作成本却比以前低。以前,小裁缝为顾客仿制名裁缝的衣服;今天,仿制成为惯例,这让时尚也有其陈腐的一面。时尚6个月变一次花样,永远在重新出发,我们总是要回到这一点:所有东西都在复制,很少有新东西出现!我们真的期待一些与众不同的东西!

你认为什么样的女人才性感?

一个女人要性感,不需要高跟鞋,也不需要惹火的衣服。那些漫画一样的女人也真够"感人"的!意大利有很多这种类型的女人。不过,对于她们渴望女人味儿、渴望有人爱的努力,我有时也觉得很钦佩:这是多么艰巨的工作!意大利的广告业和电视都促进了这种女性形象发展,这不一定是好事!以前的偶像是格蕾丝·凯利(Grace Kelly)和奥黛丽·赫本,如今却是些没气场的小丫头和色情明星……结果自然变得庸俗了。这可能也是时尚杂志的过错,杂志叫人相信她们在城里可以穿得像在海滩上一样暴露。于是人们失去了"dress code"的概念:其实,去上班和晚上出去玩不能穿同样的衣服!

你认为衣服会表达人吗?

那当然了,穿上僧袍才是和尚!我觉得服装表达了一些非常隐秘和个人化的东西。穿着不合适的衣服等于乔装打扮。你有何规划就要如何穿衣服,因为衣服总是让他人接受你的要素之一。在这一点上,我发现有些年轻人对于消费社会和卖弄名牌很反感,自觉地穿着传统又合规矩。无论他们属于什么阶层,他们看起来颇为相像!他们在寻找一些更有力的东西,他们在反对那种"消费至死"的观念,所以他们选择一种中规中矩的、甚至是新保守主义的风格。

你理想中的衣橱是什么样的?

有一些连裤装,一条男式卡其布裤子,一件白色衬衫或者牛仔衬衫,一件传统的大衣,一件V领羊毛衫,一件圆领衫,一条吸烟裤,还有高跟鞋。

我还喜欢连衣裙,喜欢用米色搭配强烈的颜色,我还常常忘记带包出门!

从前，旧货和古董衣都是给口袋里掏不出一个铜板的穷大学生准备的，可如今连有名的时尚偶像都爱穿了。这是个创造你独一无二的造型的好法子。你远离了流水线上无个性的服装。你常会在旧货店里发现一流的布料和精湛的工艺，如今只有大牌才能做到，你还会发现一些非常特别的单品。这就像发现蛋糕上的樱桃一样令人开心。

旧货真美妙

如何有品位地淘旧货

不是所有人都有旧货冒险家的灵魂：总能在一堆破衣烂衫里找到稀罕的珍珠，那可真是一桩幸事。也总有些胆小鬼，什么也看不到，总是一无所获。为了他们，高档旧货店出现了，衣服分门别类、洗熨整齐，有品位地展示出来。有些旧货店只卖有牌子的衣服，往往非常昂贵，但别致。这样你就免去了在市场里乱淘，但价格也噌地一下上去了。总之，有各种风格、各种价位的旧货店，总有适合你的。

米歇尔·布尔穿着在伦敦购买的古董皮草外套，并以 Chloé 连衣裙、Miu Miu 袜子和 Vouelle 凉鞋使之时髦起来。当然，她还带着她从不离身的爱马仕 Birkin 包。

完美淘货十大戒律

慢慢养成淘货习惯

如果"别人穿过"这一点让我有心理障碍，那我就买些使用痕迹少的小东西：腰带、包、手袋、丝巾……我不必立刻买大件，也不必立刻赞同店员的推荐，尤其是鞋子。

忠于自己的风格

我坚定地走向与我相符的东西。要是我不爱图案，我就把大花衬衫放在一边，宁可去看看浪漫的白色罩衫，因为这才是我的菜。不能因为我在淘旧货，就要穿得不像自己。

有好奇心

我要留一个机会给让我惊喜的衣服。一不小心发现一件茴香绿的有20世纪50年代风格小外套可能是个美妙的惊喜哦，尤其是因为我从不爱穿黑色。一件钩针手织上衣搭配夏天的牛仔裤说不定很有趣。这是让衣橱更多彩更有活力的机会哦。

不装腔

我分得清只穿一晚玩玩的便宜衣服（如有20世纪80年代风格的软软亮片罩衫，聚会上穿着挺有趣）和衣橱里的重要元素（如安德烈·库雷热的经典款大衣，紫红色天鹅绒校服外套）。

注意材质

小心那些闻起来有一股阁楼味儿的皮革、衬里有污渍的外套、发霉的丝衬衫、破洞、污痕……要看看标签，再闻一闻，检查布料，包括衬里。

玛丽·佩罗内尔戴着头
带，穿着黑色紧身裤，令
20 世纪 80 年代的阿尼亚
斯·贝皮衣焕发了现代感。

要检查纽扣是否齐全，上衣的拉链和包的搭扣能不能用。古着和破衣烂衫之间有区别。要提防假古着：1996年产的 H&M 和 Naf Naf 就不能算古着，只是旧衣服而已。

要试一试

不能因为便宜就连试都懒得试。衣服必须完全适合我才行。就算布料和风格我都中意，可袖子太大或肩膀太宽，那我也只好把它忘掉——除非我打算再出一笔修改费或者自己有动手能力。

要有计划

下手之前，先在脑子里把衣服和已有的基础单品搭配一下——就像买新衣时一样。看看它是与所有的（至少有一件）单品搭配都合适呢，还是买回去只能孤零零地塞进衣橱深处？它能搭配单品、甚至挽救一件我不穿的衣服吗？如果是，那我就赶紧去买。

不忽视基础单品

哪些东西算好东西呢？剪裁精良的风衣、完美的牛仔服、机车靴、厚羊毛呢大衣、有复古花边的罩衫……也许有些很新很贵的衣服我没有买，但我却在旧货店遇到了更好的。

波利娜·达尔弗耶（Pauline D'Arpeuille），潮店 Fripesketshup 店主，穿着一条古董长裤，搭配 Lanvin 浅口高跟鞋和二手巴尔曼手包，一件 Vent Couvert 皮质机车夹克让造型"潮"起来。

回收再利用

可以买一件上衣，就为了拆下别致的纽扣来独出心裁地点缀我买来的大众品牌外套。也可以买一件老土的外套，用上面美丽的毛领或者袖筒让衣橱里有点儿过时的单品重放光彩。

混搭古着和新衣

千万不要"一身旧货"。再次提醒，秘诀在于混搭。我用重新染色的古董裙搭配美丽的开司米羊毛衫，我用最漂亮的牛仔裤搭配淘来的花边罩衫，用漂亮的长靴搭配旧裙子……混搭带来平衡，带来安全感。

瓦伦丁·戈捷穿着跳蚤市场淘来的裙子，她把裙子重新染了海蓝色，外搭瓦伦丁·戈捷牌羊毛开衫。

进一步的建议

不需要有一双仙女般的巧手就可以改造旧衣。有时候，只需要剪几下，就能让一件大学时的套头衫有了船型领和七分袖，变得女性化。我还可以换掉旧靴子的鞋带，给一条丝质连衣裙染色，在男式外套上缝些小亮片，或者在一条过大的连衣裙上扎一条大皮带……

访谈

帕特里夏·德拉艾
心理学家、生活指导

摄影：DR

富。首饰是家族代代相传的，令人自豪，每到周日才拿出来穿戴，这反映出她们忠实于家庭观念和社会地位。到了20世纪70年代，枷锁都被打破了。1968年5月，可以说是百无禁忌。规则被打破，当然也包括衣橱的规则：没有了

切皆有可能，和现在的珠宝一样，有许多东西别出心裁。形象表达了个性：服装让我们被别人一眼看透。你把自己归于哪个群体？你想让自己成为什么样子？是想随大流还是想强调自己的与众不同？是要让人看到还是不引人注意？想表达创造精神还是想展现运动风格？性感或是严肃？……

穿衣服现在变得很复杂了！

不管怎样，人们开始有意识地穿衣。怎么穿往往看心

时尚和历史是什么样的关系？

时尚总是跟随女性的历史和思想进程。20世纪50年代，几乎所有女性都要符合那种女性模式。女性努力变"恰当"，要中规中矩；她们在意别人的看法，很少逾矩。反映到衣服上，就是穿制服一般的服装。大部分女性都穿着黑裙子和白色短上衣，变化很少，色彩也不丰

> 66 *时尚总是跟随女性的历史和思想进程。* 99

胸罩，没有了腰带，没有了飘逸柔滑的彩色长裙，也不再有软底便鞋。

今天是个人主义的时代，每个人都能以自己的方式生活和穿衣，创造出自己的形象，展示自我。因此一

情。有时候是节日，你非常快乐；有时候很悲伤（比如说你长胖了）或者要做繁重的事情，没精力没心情，随便乱穿。其实这样多遗憾！选一套适合我们、能展现我们价值的衣服，是开始一天的好方式。

这样，你一早就开始想象在电梯间、在商店橱窗看到自己的快乐了，而别人看你的目光也有更多赞许，令你高兴。应该给自己留出时间，多花点儿精力，这样真的很快乐。这正如早上站着匆匆忙忙喝一杯咖啡和坐下来好好享受一顿丰盛的早餐有很大差别一样。穿衣的快乐也在于购物。有些女人对购物的兴趣远胜于穿她不计其数的新衣新鞋。还有些人相反：买衣服是苦差事，但整理和搭配旧衣却感到快乐。大部分情况下人是喜欢买又喜欢穿。

穿衣打扮也需要天赋吧？

就像需要教育一样？嗯，也许吧。有些女人就特别渴望穿得漂亮。她们知道如何调和风格、样式和颜色，找到适合她们的。在有些家庭里，这种爱好是妈妈传给女儿的，购物日是家庭的大节日。还有些人需要一个"偶像"——这不是开玩笑，姐姐、女友或者一个教会她提高各方面品位的人。最有热情、最有创造力的是那些乐在其中的人：她们视穿衣为一种游戏。她们每天早上都在创新。她们有一种能力，就像那些大厨，用两三种调味品、一点儿沙拉和两个西红柿就发明了新菜一样……能够用有限的东西捣鼓出无限的花样，就算只做馅饼也可以做出各种口味。时尚的大厨也是如此。有些女人用几件基础单品就可以玩出无限花样。不要一年365天，天天都重复，这是一种品味当下、让每个早晨都开心起来的方法。这也就像做菜一样，能从中看出时间的推移、季节的变换。

这可以学得来吗？

衣橱反映个性，就像房屋的内部装潢一样。衣橱里堆积的是个人史。里面放着舒服的衣物，上面都带着回忆，还有包袋、礼物，一时冲动买来穿不出去的玩意儿……找个时间好好整理自己的衣橱，把不再适合我们的东西清除出去，这是第一步。接着要平衡预算。穿得有品位要花很多钱吗？那倒不是，首先是要爱穿衣。

> **❝**衣橱反映个性，就像房屋的内却装潢一样。**❞**

其次，要改变穿衣习惯。一般来说，人总是对自己最偏爱的部位打扮最多：喜欢自己胸部的爱买上装，满意腿部的爱买裤子和裙子，就像手长得好的爱修指甲、眼睛美的爱化眼妆一样，但请别忘了整体效果。也要注意我们容易忽视的部位，因为穿衣的乐趣在于整体的"穿"。不妨找个专业人士咨询，或许会令你茅塞顿开。

要穿得好需要非常了解自己吗？

这不该是一个条件。如果你不相信自己，这确实有些令人沮丧，你很容易放弃。要学会了解自己，先从你爱穿和穿着舒服的衣服开始：这些是你的基础。从精神上放松的区域开始：要是你喜欢上装，就对上装多用点儿心思，添一点儿色彩啦、印花啦、其他的风格啦……接下来就比较容易了。穿衣服应该是一件快乐的事。

有些女人觉得这种快乐太无聊……

人可能会因为把钱花在自己身上、把时间留给自己而产生负疚感……结果呢，不是花时间整理衣橱、做出谨慎的选择，而是不知道干了些什么：头脑一发热就迅速在网上或是店里买下五件衣服。于是你就有了一个让人充满罪恶感又失望的衣橱。就像一会儿按食谱吃一会儿节食饿肚子的人一样。到头来你买的东西全都是没有经过考虑的。所以，最好还是开心地买，即选择自己喜欢的衣服，而且买来的都穿上。

> 66 有些女人用几件基础单品就可以玩出无限花样。不要一年 365 天，天天都重复，这是一种品味当下、让每个早晨都开心起来的方法…… 99

摘自《性是一段长长的对话》，Marabout 出版社出版。

我还能

不同年龄的禁忌

我们才不打算自设藩篱、自设时限呢。无论在哪个年纪，你都可以穿任何东西，只要这东西真正适合你。打扮的目的是要像自己，而不是像某本杂志里的模特。不过还需要避免一些小错误哦。

莫妮卡·古班（Monica
Goubin）、Monica 品牌创
始人，穿着原本属于
她母亲的短皮草外
套，这件本是为鸡尾
酒会准备的小外套被
她穿出了另一种风
格。上衣和裙子的品
牌是 Monica，男靴来自
San Marina。

少年时代
伪装和过界

你在探索自己的风格，模仿或者标新立异都令人印象深刻。只是请记住：别把底妆涂得太厚——脸白得像死人或是黄得像动画片里的印第安公主，或是眼圈涂得太重，或是胸罩太厚、花边太多。所有这些都对你没好处，年轻人越自然奔放越美。

20 多岁
怎样都可以

你可以整夜狂欢，早上起来依然神清气爽，你可以放肆地晒日光浴、喝酒、抽烟、夜里吃巧克力，也没有副作用；似乎生活没有边界可言。运气好吗？那也不一定。岁月给予亦会剥夺，要是你这样过日子，到 35 岁就要"付账单"了。所以最好还是过健康的生活。生活方式健康，人看起来也会更美。管理体型、风格、欲望，掌控自我。然而这个时期，你也有时会怀疑自己的魅力，于是一下子穿起了迷你裙、高跟鞋、低胸装……但堆积这些恰恰是不性感的。

30 多岁
放松下来

到这个岁数，一般来说你照顾自己的时间变少了，你长胖了点儿，你会忘掉和理发师有约，忙着照顾孩子，忙得没时间买衣服……是的，你压力非常大。若是你感到疲惫了，这正是你重整自我甚至最终找到自我风格的时机。不过要当心，有些东西会让你显老：颜色古怪的染发、过长的指甲、廉价的布料和剪裁（弹性材料衬衫上纽扣被崩掉，穿着睡衣出门，选质量低劣的丹宁布，拿低档的手提包……）。这个年纪你应该拥有美丽的单品，不是那种昙花一现的时髦货，而是能给予你个性、让你愉悦的衣服和饰品。

18岁的少女。牛仔短裤，罩衫，Mes Demoiselles 包包，在美国买的印第安靴子。

谢莉·波特（Shirley Porte）
戴着她设计的珠宝，搭
配 Thierry Mugler 外套。

40 多岁
我们还在尝试

这 是人生中一个复杂的过渡阶段。你觉得自己老了，但脑子里又觉得自己还是从前那样。增肥容易减肥难。夜晚难以入眠，忧愁写在脸上，身体发生变化（侧影变得厚重，皮肤失去弹性，面颊凹陷，失去了"婴儿肥"）。有许多女演员说这是女人最美的年纪。要相信她们！第一个任务：找一个色彩专家，帮你找到一种生动又深沉的发色（打倒假发效果！）；第二个任务：好护理皮肤，有针对性地保养，化合适的妆。忘记那些多余的花里胡哨的玩意儿、太浓的唇膏，那会一下子显老的（你不是在扮演歌舞伎）；第三个任务：要热爱品质好的东西。你可以穿橙色、红色和玫瑰红色交织的苏格兰呢格子长裤，只是它的品质必须要好；第四个任务：笑起来。笑，大笑！笑容是最美的妆容！不仅仅是女演员们这么说，男人们（我们的伴侣）也这么说。

50 岁和之后的岁月
我们继续开心

我 们很了解自己，我们从中受益匪浅。即使身体一直在发生变化，我们也不放松自己。相反，我们照顾自己，涂乳液，做瑜伽，微笑。我们有权力继续热衷于时尚、紫罗兰色丝袜、花边，或是穿得像个男孩。但别穿紧身的迷你裙、露背装和草编厚底鞋，把它们留给孙女吧！……

这是了解自己的年纪：
多菲内打造了自己的奢华摇滚风。

66 穿某些衣服有年龄限制吗？没有！只要找准风格，就可以穿！比如，马丁靴是我的菜，我太喜欢了，一直穿着拍照！这是我从在伦敦时就养成的爱好。它代表反叛、男性、革命的风格，给我某种自由的感觉……而且舒适，穿着跑一整天也没问题，绝不会腿痛。我以天鹅绒蕾丝和彩色面料的衣服使之女性化。另外，伦敦总公司赞美我说：太法国化了！我们都是孩子，不是为了扮年轻，而是我们每个人心中都住着一个孩子。好好享受，随心所欲吧！要有创造性，别怕犯错误。昨天我穿了黄色丝袜，这不算百分百的成功，但是许多男孩夸赞了我！我也鼓励自己的顾客去尝试：她们从 30 岁到 60 岁都有，厌烦了媒体向她们推荐没个性的东西，不愿意被套在一个模子里。于是，我向她们推荐些与众不同的时尚。

她们会回来告诉我自己如何受到众人赞扬。有些人不愿意向别人透露店址，因为这是她们的小秘密！ 99

——卡特琳·卢皮斯 - 托马斯

小店"1962"店主

66 我不是太在意时尚，在中学时我就找到了自己的风格——穿男式衬衫，盘着发髻，戴着大眼镜。我喜欢经典的东西。我的发髻就是复古的，看起来不属于这个时代，有点儿反时尚又有点儿摇滚。我觉得所谓时尚并不存在。在路上，我看到 20 世纪 70 年代的喇叭裤、80 年代的 Levis 501 高腰牛仔裤，以及 2000 年左右的紧身裤。鞋子呢，既有套鞋也有平底鞋、低跟单鞋，没有统一的模式。我们每个人都有自己的"时尚"，还有买得起的品牌，比如 H&M 和 Zara。选择面如此之广，所有人都可以在里面找到自己想要的东西。所以要是时尚不适合你，就不要追随它。时尚，就是那些适合我们的东西。 99

——伊纳·奥兰普·梅卡达尔

梅卡达尔古董衣店艺术总监

以上言论摘自博客
Mode Personnel（Le）。

巴黎好店推荐

协和广场
卢浮宫
Rivoli（里沃利）大街

午餐或小酌

Le Fumoir

窝进大大的皮沙发里，看看杂志，聊聊生意、爱情和衣服。假装泡图书馆的知识分子，却能明目张胆地大啖肉类和蛋糕。

地址: 6, rue de l'Amiral Coligny, 75001 Paris

电话: 01 42 92 00 24

午餐或喝茶

Toraya（虎屋）

日本历史最悠久的糕点店之一，"虎屋"在离协和广场不远处开了一家舒适精致的茶馆。名字诗意的传统糕点、精美的茶单、禅意的氛围……

地址: 10, rue Saint Florentin, 75001 Paris

电话: 01 42 60 13 00

购物

Jamin Puech

Jamin Puech 的包包出自全世界最好的手工艺人之手，独一无二，不追随潮流，所以也永不过时。

地址: 26, rue Cambon, 75001 Paris

电话: 01 40 20 40 28

Gabrielle Gepert

要找爱马仕古董包，这里不容错过！这家店收藏了各种 Chanel、Saint Laurent 和 Alaïa 品牌包包。身为大众时尚达人的你，快来这个热爱美好和美妙事物的地方，学习下品位和品质吧。

地址: galerie Montpensier, Jardin du Palais Royal, 75001 Paris

电话: 01 42 61 53 53

Fifi Chachnil

想要好莱坞明星风格的内衣，就到这里来吧！Fifi Chachnil 复刻了许多有趣又迷人的文胸、内裤、紧身衣和睡裙。如果你是贝蒂·佩吉和贝蒂·格拉布尔的粉丝，这里对你再合适不过了。

地址: 68, rue Jean-Jacques Rousseau, 75001 Paris

电话: 01 42 21 19 93

Galignani 书店

Galignani 书店 1856 年起在 Rivoli 大街开业，是巴黎最美的书店之一，有很多英美作品和其他地方根本找不到的书。气氛独一无二。

地址: 224，rue Rivoli, 75001 Paris

电话: 01 42 60 76 07

Frédéric Malle

他是迪奥香水创始人的孙子，专门出品最有个性、风度的香水。这里你会找到最大胆最有创意的香水。Frédéric Malle 给予香水设计师们自由发挥的空间，造福痴迷香水的我们。

地址: 21, rue du Mont-Thabor, 75001 Paris

电话: 01 42 22 16 89

Edge

巴黎顶尖模特经纪公司会把模特儿送到这里来，补救她们染坏、受损的头发。鸡翅木、有机茶、天然辣椒，你的头发在这里会得到精心呵护。

地址: 10, rue du Chevalier Saint-Georges, 75001 Paris

电话: 01 42 60 61 11

Maison Darré

Vincent Darré 是 Karl Lagerfeld 执掌 Fendi 时期的

造型师，他开的这个家具和家居用品店让人想起科克多导演的《美女与野兽》，充满了有意思的东西。

地址：32, rue du Mont-Thabor, 75001 Paris

电话：01 42 60 27 97

Meyrowitz

这家怀旧又迷人的眼镜店创立于 1875 年。你可以在这里找到著名的 "Manhattan 墨镜"——1950 年以来的最佳款式。眼镜迷和聪明的时髦女郎都知道这一绝不会混同于大众的经典款。

地址：5, rue de Castiglione, 75001 Paris

电话：01 42 60 63 64

Miniut moins 7（午夜差七分）

如果你有一双特别喜欢、坏了也不愿舍弃的鞋子，就得找这家店好好修护它。Miniut moins 7 也是鲁布托鞋的 "整容师"，被誉为唯一懂得替换著名的 "红色真皮鞋底" 的鞋店。

地址：10 Passage Véro-Dodat, 75001 Paris

电话：01 42 21 15 47

晚餐

Chez Ferdi

有很棒的西班牙传统小吃、美味的汉堡、可口的葡萄酒、热情的老板，还有名模云集……注意，总是客满，必须提前订座。

地址：32, rue du Mont-Thabor, 75001 Pairs

电话：01 42 60 82 52

Restaurant du Palais Royal（皇宫餐厅）

这间餐馆由年轻的大厨 Eric Fantanini 接手，环境典雅高贵，并可观赏巴黎最美丽的花园。Eric 风趣、大胆，颇具才华又特别亲切。他会悄悄来到你用餐的桌旁与你攀谈，他的幽默和对美食的热爱必定会打动你。

地址：110, Galerie de Valois, 75001 Pairs

电话：01 40 20 00 27

玛黑（Marais）区

购物

Etat libre d'orange

由 Etienne de Swardt 创建，"橘子自由国" 是对香水王国发表的独立宣言。店里各种香水名——"真正金发"、"我是一个男人"、"大饭店交际花"、"乳香和口香糖" 等，一听就知道是幽默和奇幻的混合体。让自己陶醉在大胆又迷人的香氛中吧。

地址：69，rue des Archives, 75003 Paris

电话：01 42 78 30 09

Valérie Salacroux

这个店在时尚精品爱好者中以冬夏皆可穿的套鞋出名，同时也卖一些一流材质的精品，如巴斯克地区的小公牛皮制成的色彩鲜艳的包包和购物袋，还有腰带、凉鞋、靴子和凉拖等。

地址：6, rue du Parc Royal, 75003 Paris

电话：01 46 28 79 09

Mes Demoiselles

这个牌子是日本时髦女孩的挚爱，但设计师 Anita Radovanovic 在本国也拥有颇多拥趸。虽说有许多人模仿，但谁也模仿不来她那薄如蝉翼的刺绣罩衫、轻如羽毛的蕾丝裙和波西米亚风毛衣，实在令人一见钟情。

地址：45, rue Charlot, 75003 Paris

电话：01 49 96 50 75

Valentine Gauthier

Valentine 不喜欢平庸的模仿，她鼓励顾客们大胆突破。她设计的衣服融合了不同材质、刺绣、皮革、丝绸和金属铆钉装饰……让人感觉漂亮又独特。

地址：58, rue Charlot, 75003 Paris

电话: 01 48 87 68 40

Les Prairies de Paris

这是一间画廊，还是一间服装店？报告长官，两者皆是。品牌创始人 Laetitia Ivanez 将自己第二间店铺的二楼专门用于陈列展览和即兴表演，而地下一层则用来展示她所设计的衣服，剪裁无可挑剔，色彩鲜艳活泼。她家的德比鞋和浅口高跟鞋如何？穿上你就舍不得脱了！

地 址: 23, rue Debelleyme, 75003 Paris

电话: 01 48 04 91 16

Merci

这是一家巨大的概念店，你可以在里面吃饭、喝茶或购物。这里被设计成得像一个大度假屋，你可以一面逛 Isabel Marant、Heimstone 和其他不那么著名的品牌，一面结善缘，因为这家店的一部分收益会被用于慈善捐助。

地址: 111 Boulevard Beau–marchais, 75003 Paris

电话: 01 42 77 00 33

Monsieur Paris（巴黎先生）

黄金、白银、钻石……Nadia 设计的细小精致的珠宝如此美好，让人忍不住想要叠加混搭。这些首饰轻盈

得让人忘记它的存在，休息时也不用取下。设计师的目的正是这样！在这家漂亮的店面兼作坊里，你可以尽情试戴，并观赏精美首饰的制作过程。

地址: 53, rue Charlot, 75003 Paris

电话: 01 42 71 12 65

午餐

Le Loir dans la théière（茶壶里的睡鼠）

这里有巴黎最美味的柠檬奶油塔！真是美食爱好者的天堂。很多年轻设计师和美国明星来这里低调地品尝法式美食！经常要排队，尤其是周日。

地址: 3, Rue des Rosiers – 75004 Paris

电话: 01 42 72 90 61

Marché des enfants rouges（红孩子市集）

巴黎最古老的市集，始于 1615 年。这里有水产、有机蔬菜、奶酪、葡萄酒，还有花店。人们都爱来这里匆匆忙忙采购新鲜食材，中午在餐馆的露台上吃午餐：摩洛哥美食、意式菜肴、日式便当……都好吃极了！

地址: 39, Rue de Bretagne – 75003 Paris

电话: 01 40 11 20 40

Nanashi

这是一家日本有机餐厅，全巴黎的人都趋之若鹜，这可能有点儿让人扫兴，但是食材品质好又新鲜，便当特别美味，确实值得一试。

地址: 57, rue Charlot, 75003 Paris

电话: 01 44 61 45 49

Passy 路 Trocadéro 广场 Auteuil

Passy 路已经被快速时尚所占领，每隔十步就是一家大路货的店，很快就让人看够了。不过你仍然可以发现稀罕的好店。

购物

Maralex

这家以卖童鞋出名的店已经开了大约六十年，出身于富人云集的十六区的顽童都穿过这里的鞋子。如今这家店更时髦、更大，里面可以找到很棒的木头和回收纸板做的玩具、书籍、家居物品，还有永不过时的 Start rite 牌魔术贴帆布鞋，以及年轻设计师如 Louis Louise 和 Bellerose 的作品。

地址: 1, rue de la Pompe, 75116 Paris

电话：01 42 88 92 90

Victoire

这家店在 Passy 路开了几年，虽说比 Victoires 广场那家的店面小，但选择还是一样丰富！

地址：16, rue de Passy, 75116 Paris,

电话：01 42 88 20 84

Swildens

这个美丽的品牌探索 20 世纪 70 年代的清新风格和新世纪的时髦并得以成长。充满灵气的设计师 Juliette 似乎能完美地抓住当下年轻女性的矛盾心理。

地址：9, rue Guichard, 75016 Paris

电话：01 42 24 42 52

Frank&Fils

典型的巴黎知名小百货店。有著名设计师的作品，也收集了许多精美珠宝和配件，也有新锐设计师的作品。比好商佳商场和巨大的老佛爷商场要舒适得多（当然我们也爱这些大商场！）。

地址：80, rue de Passy,75016 Paris

电话：01 44 14 38 00

Komplexe Store

这里是汇聚全世界各大名牌牛仔裤的"酒吧"，让人

向往不已。女式服装也很棒，非常简洁而男性化。

地址：118, rue de Longchamp, 75116 Paris

电话：01 44 05 38 33

Passy de Patrick Gérard

别被这个古老的店名骗到，这家店是两年前才重开的。不过这里藏着很多好东西：Mes Demoiselles, Campomaggi, My Pants, Star Mela, Martinica Belts……

地址：56，rue de Passy, 75016 Paris

电话：01 42 24 02 04

Soeur（姐妹）

少女们终于有一个完全属于她们自己的品牌了。多米蒂耶·布里翁和安吉丽科·布里翁姐妹的设计专属 12 到 18 岁的少女。姐妹俩找到那些既不想再当小孩、又没有真正打算进入成人世界的女孩们的独特语言。少女们可以在这里慢慢发现自己的女性美，学习扮靓。

地址：5 rue Pierre Guérin, 75016 Paris

电话：01 45 25 73 04

午休

Akasaka

十六区最好的日本餐馆

之一，开业至今已有二十多年。店员殷勤，寿司美味，还有更多正宗日式菜肴可供选择，样样精致可口。价格不菲却非常值。

地址：9, rue Nicolo, 75116 Paris

电话：01 42 88 77 86

Carette

十六区的传奇糕点店兼茶馆。在这里吃早餐的多为 CAC40 上市公司老板和银行家，十点左右店里的女性顾客渐渐多起来，中午露台上都坐满了三十来岁、打扮入时的明星范儿人物。

地址：4, place du Trocadéro, 75116 Paris

电话：01 47 27 98 85

Comme des Poissons

巴黎最好的寿司店之一，但是店面特别小，所以必须订座或外带。

地址：24, rue de la Tour, 75116 Paris

电话：01 45 20 70 37

Schwartz's

Marais 区有名的汉堡店 Schwartz's 在 Trocadéro 广场附近开了家新店。美式装修，中午排长队，热情洋溢的蓝眼睛老板，美味的热狗、奶酪汉堡和奶酪蛋糕。

地址：7, avenue d'Eylau, 75116 Paris

电话：01 47 04 73 61

好友的晚餐聚会

Le Paris 16

意大利菜，20 世纪 50 年代风格的装修，全部出自自家主厨之手，好吃极了！常客包含各个年龄层次。这家店氛围很棒，待客热情！

地址：18, rue des Belles Feuilles, 75116 Paris

电话：01 47 04 56 33

圣日耳曼 Odéon 区

午餐和晚餐

Le Comptoir

高性价比，舒适可爱，定位介于餐厅和酒馆之间，是老饕们的挚爱。来自贝亚恩省的主厨 Yves Camdeborde 曾在巴黎最好的餐馆里工作，如今他取得了成功。人们喜欢在露台上享用午餐和晚餐，冬天也不例外，有屋顶，很暖和。

地 址：9, Carrefour de l'Odéon, 75006 Paris

电话：01 43 29 12 05

Les 2 abeilles

好吃的蛋糕，柔和雅致的氛围，在这里你可以遇到美丽的女演员、作家和高挑优雅的金发妈妈们！非常巴黎范儿，非常美味。

地址：189, rue de l'Universite, 75007 Paris

电话：01 45 55 64 04

购物

Eyespleasure

与专卖时下最热门品牌眼镜的店铺不同，这家店懂得造型，通过与你的对话来把握你的个性和你所想要的个人形象。而且不用担心买回去之后发现跟别人的眼镜一模一样：店里只出售设计完美、选材考究的设计师款。

地址：40, rue Saint-Sulpice, 75006 Paris

电话：01 43 54 12 04

Les Parapluies Simon （西蒙的雨伞）

这里有真正的雨伞、阳伞和手杖！全世界独一无二的设计和工艺。跟小贩兜售给游客的伞完全两码事！这家店 1897 年就开业了，修理和回收旧伞，也出售精美的好伞——别忘在地铁上！

地 址：56, boulevard Saint-Minchel, 75006 Paris

电话：01 43 54 12 04

Heimstone

Alix Petit 设计的衣服值得珍藏，值得购买甚至偷走呢。没有搭配全套，只有"Heimstone 精神"。

地址：23，rue du Cherche Midi, 75006 Paris

电话：01 45 49 11 07

Mona

店主 Mona 陈设的衣服，能得到最挑剔的人的欢心，她的忠实顾客包括黛安·克鲁格、Pierre Hardy Alada, Stella Mac Cartney⋯⋯ 这是一个奢华的世界。

地 址：17，rue Bonaparte, 75006 Paris

电话：01 44 07 07 27

Polder

Polder 由两个在荷兰长大的姐妹创立，提供母亲和女儿都能穿的衣服。糖果色掺金银纱的丝袜和其他袜子尤其招人喜欢。此外还有芭蕾伶娜鞋、凉鞋和非常漂亮的手包。

地址：13, rue des Quatre Vents, 75006 Paris

电话：01 43 26 07 64

Ken Okada

一个挂满白色轻纱的仙女小屋——这就是日本设计师 Ken Okada 的店。里面有纯棉或丝绸衬衫，还有全透明的衬衫，永不过时，但也不是那么古典。有的衣服可以前后两种穿法，还有的有不同的扣法。有时候一件衬衫有四种穿法！如此美妙，让人只想再也别穿外套了。

地址：1 bis rue de la Chaise, 75007 Paris

电话：01 42 55 18 81

Châtelet
Les Halles

午餐和晚餐

Bam Bar à Manger

充满活力的新型小酒馆，以新鲜多味的食物为基础的创新菜单：姜汁南瓜浓汤、腌渍的刚捕获的金枪鱼、咖喱烤牛腿排、、智利辣椒配鸭脯肉……叫人乐开怀的地方！

地址：13，rue des Lavandière Sainte Opportune，75001 Paris

电话：01 42 21 01 72

Blend Hamburger

迷你小餐馆，有巴黎最好吃的汉堡。店主精选的法国产牛肉，让人食指大动。红薯做的薯条也特别美味！

地址：44，rue d'Argout, 75002 Paris

电话：01 40 26 84 57

购物

Yaya Store

受美国 20 世纪 60 年代套衫影响的休闲装、古董布料制成的缠头巾、民族风裙

子、令人无法抗拒的意大利手工皮包……许多单品只有在这个小宝库里才能找得到。

地 址：55, rue Montmartre, 75002 Paris

地址：01 40 39 92 89

Maison Momoni

除了以性感可爱的意大利品牌短裤出名，在这家店你还可以看到所有古董家具上都摆放着复古浪漫的衣服和饰品，都是来自一些不那么出名的意大利牌子。

地址：36, rue Etienne Marcel, 75002 Paris

电话：01 53 40 81 48

By Marie

店主 Marie 拥有波西米亚的灵魂，热爱美丽的衣物和精致的首饰，只陈设她热爱、她发现的东西：Forte-Forte, Thakoon, Roseanna, Heimstone, Nessa by Vanessa Mimran……这些牌子是已经出名还是尚未成名无关紧要，重要的是催生欲望和惊喜。

地 址：44，rue Etienne Marcel,75002 Paris

电话：01 42 33 36 04

蒙马特
Les Abbesses

购物

Galerie 1962

20 世纪五六十年代的古董家具和古董灯，70 年代的风墙纸、Orla Keily 收音机、Marimekko 餐具……这家店是店主个性的鲜明反映，店主还有一家叫"1962"的店在不远处，卖一些不知名欧洲品牌的成衣。

地址：4, rue Tholozé, 75018 Paris

电话：01 42 54 28 08

Aeschne

这里的时尚和快时尚不沾边。做工精良的裙子、外套和大衣，精致的花边，真丝薄绸……Sandrine Valter 有仙女般的灵巧手指，她在这家铺子里绘制图案和缝制衣物，为顾客量体裁衣。这里是奥黛丽·达娜和伊莱娜·雅克布最喜欢的店。

地址：19, rue Houdon,75018 Paris

电话：01 42 64 40 54

Série limitées

一家美丽的、非常女性化的多品牌店，品牌非常有特色且隐秘: So Charlotte, Eple&Melk, Charlotte Sometime, Lucas du Tertre,

Sessun, Virginie Castaway……
你很难两手空空地走出来。
地址：20，rue Houdon，75018
Paris
电话：01 42 55 40 85

Chiffon et Basile

"休闲摇滚"风格的可爱小店：品牌有 Laurence Doligé、Swildens、Scotch，Soda。最适合找一件小羊毛衫、一双靴子和一条扭摆舞风格的牛仔裤了，男士在这里也能买到合适的东西。
地 址：86, rue des Martyrs, 75018 Paris
电话：01 46 06 54 36

Fripesketchup

店主宝琳娜·达尔芙耶眼光独到，精心挑选古董衣衫，按主题放置，仿佛是一家设计师小店。
地址：8, rue Dancourt, 75018 Paris
电话：01 42 51 96 33

Chinemachine

去逛这家纽约风格的二手店，你不会空手而归。你可以用 5 欧元淘到 20 世纪 80 年代的罩衫、花裙子、有垫肩的外套和 T 恤。
地址：100, rue des Martyrs, 75018 Paris
电话：01 80 50 27 66

Tombées du camion

这是一家有趣的小店，里面可以找到各种过去的、被遗忘的美丽小玩意儿：旧珍珠项链、玩具、胸针、腰链、厨房用品……发挥你的想象力吧！
地址：17, rue Joseph de Maistre, 75018 Paris
电话：01 77 15 05 02

Thanx God I'm a Vip

1994 年由西尔维·夏台涅创立，内有各种美妙的设计师作品（包括最大的大牌！）。
地 址：12, rue de Lancry, 75010 Paris
电话：01 42 03 02 09

晚餐

Guilo Guilo

要是你想在一个好奇的美食家面前露一手，就带他到这里来吧！这里的主厨在日本非常有名，菜单是固定的，有八道大餐，店里只能坐下二十来个客人，菜一道道上来，一个比一个出人意料……非常精致，色香味俱全。注意，提前一个月订座！
地址：8，rue Garreau，75018 Paris
电话：01 42 54 23 92

Bastille（巴士底）

购物

La Botte Gardiane

法国人的牛仔靴。这家店以正宗法国制的凉鞋和靴子出名，品质上佳、工艺精湛，被不少人当作传家宝。
地 址：25, rue de Charonne, 75011 Paris
电话：09 51 11 05 15

圣马丁运河

购物

Le Comptoir Général

这家非常特别而又迷人的酒吧每个工作日下午 6 点开始营业，既是古着店、迪厅，又是餐馆，还兼具其他功能。店里看似杂乱无章、令人晕头转向，却充满魅力，强烈吸引着那些喜爱另类的小众分子。
地址：80, quai de Jemmapes, 75010 Paris
电话：01 44 88 24 46